面包板
电子制作

数字电路制作30例

王晓鹏 编

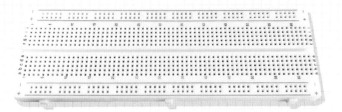

化学工业出版社

·北京·

内容简介

数字电路是电子技术领域中重要的一环，是电路的基础。本书第一篇共三章，对面包板和电路实验的元器件做了要点介绍，供读者了解和掌握。第二篇按照电路功能类型，分八章列举了30个实验电路。每个实例标注了制作难度，提供了完整的资料，包含电路方框图、原理简介、装调提示、电路原理图、电路装配图、元器件清单，以及配套的视频教程（扫码即可观看）。

本书为全彩印刷，便于读者，特别是初学者，直观分辨元件种类、提升读图效率、加深对电路原理的理解。本书适合作为广大电子爱好者自己动手DIY时的参考手册，作为各类中等和高等院校学生学习数字电路基本原理的实验指导用书。

图书在版编目（CIP）数据

面包板电子制作：数字电路制作30例 / 王晓鹏编.
北京：化学工业出版社，2024．10．-- ISBN 978-7-122-46086-8

Ⅰ．TN79

中国国家版本馆CIP数据核字第2024DB2417号

责任编辑：王清颢　宋　辉
责任校对：刘　一
装帧设计：关　飞

出版发行：化学工业出版社
　　　　　（北京市东城区青年湖南街13号　邮政编码100011）
印　　装：天津裕同印刷有限公司
710mm×1000mm　1/16　印张12　字数227千字
2025年5月北京第1版第1次印刷

购书咨询：010-64518888　　　　售后服务：010-64518899
网　　址：http://www.cip.com.cn
凡购买本书，如有缺损质量问题，本社销售中心负责调换。

定　　价：58.00元

前言

　　数字电路是电子技术领域中重要的一环，是电路的基础。用面包板做电路实验是学习数字电路技术的有效途径。笔者已出版的《面包板电子制作68例》《面包板电子制作130例》，涉及一些简单的数字电路，帮助很多读者取得了较好的学习效果。本书精心挑选了30个典型的应用电路，配合全彩的方框图、原理图和装配图，可作为读者学习数字电路原理的实操入门手册。

　　本书的30个电路，均采用CMOS4000系列数字集成电路来构成，这是考虑到该系列集成电路具有功能完善、性能稳定、工作电压范围宽等显著特点，同时还具有货源充足、价格低廉等明显优势。辅以常规的元器件，这些电路均可以在一块面包板上完成。读者通过自己动手搭接电路，能直观地了解数字电路的工作原理，体会数字电路的魅力所在。

　　本书第一篇是预备篇，分三个章节对面包板和电路实验所使用的全部元器件做了要点介绍。建议读者，尤其是初入门的读者，在动手实验前，首先对这些内容进行了解和掌握。限于篇幅，这些元器件的讲述并不很深入，重点介绍与本书实验相关的内容。

　　本书第二篇是实践篇，也是本书的重点内容。

　　（1）标注制作难度。本书按照电路功能类型，分八个章节列举了30个实验电路，每个实例都标注了制作难度，用★表示，共分5个等级，★越多表示电路的制作难度越高。

　　（2）资料丰富。每个例子都提供了完整的资料，包含电路方框图、原理简介、装调提示、电路原理图、电路装配图和元器件清单。

　　（3）全彩直观。书中电路原理图元器件符号在遵循国家标准的前提下，采用了彩色样式，赋予每种元件一种颜色，例如三极管NPN型元件符号就为蓝色，PNP型就为绿色，电容元件为紫色，电阻还是传统的黑色等等。目的是给读者，特别是初学入门的读者，提供一种能够直观分辨元件种类、提升读图效率、加深对电路原理理解的方法。少部分自行绘制的元件符号在章节介绍里用"在本书中使用……符号"来注明。

　　（4）装配图一看就懂。在装配图中，我们延续了以前接近实物俯视图的绘制方法，如电阻，直接绘制出相应阻值的色环，连接导线由弧线改为直线段，使得装配图看起来更加清晰、简洁、美观。每个元件的名称用蓝色字体，具体参数用藕荷色字体。每根连接导线都有编号，用绿色带下画线的字体。其中，与电源正极相接的导线用红色绘制，其编号为1开头的三位数字。与电源负极相接的导线用黑色绘制，其编号为2开头的三位数字。其他连接关系的导线用随机颜色绘制，且同一连接关系用相同颜色的导线，其编号是从1开始的顺序编号。我们建议大家做实验时也遵循上面的导线颜色定义，这样装配出来的电路连接关系更加直观，检查测试也更方便一些。

　　（5）提供元器件参考坐标。在元件清单中，除了提供元器件名称、编号、参数以外，我们还提供了元器件在面包板上的安装参考坐标，其坐标是参照MB102型号面包板的孔位标号。对于电阻、电容、三极管等2或3个引脚的，直接标注每个引脚坐标点，中间用逗号隔开。对于集成电路、数码管、继电器等多引脚的器件，仅标注第1脚和最后一个引脚的坐标（对于集成电路、继电器等就是该元件的左下角和左上角的坐标），中间用"…"隔开，这样既大幅减少了坐标点的数量，也实现了多引脚元件的准确定位。在清单表格的导线部分里，导线（+）表示与电源正极相接的导线，一般用红色短导线，导线（−）表示与电源负极相接的导线，一般用黑色短导线。而其他导线一栏中的"同一颜色"，表示同一电路连接关系的导线，尽量使用相同颜色的导线装配。"随机颜色"则表示独立的连接关系的导线，装配时建议使用除红色和黑色以外颜色的导线连接。在元件清单中我们还给大家预留了"完成情况"一栏，大家在做实验时，可在每完成一个元件和导线的安装并核对后，就在"完成情况"一栏中做个标记，以确保元件和导线的安装不遗漏，不插错。为读图方便，书中器件、端口或引脚用正体英文表示，物理量按照规范为斜体。如，R1表示端口或器件，而R_1表示R1的值。

（6）为方便读者实际操作，我们还录制了配套的视频教程，共计34讲。其中，第0讲是面包板的介绍。第1～30讲是每个实验的教程（精编版），包含实验电路演示、原理简介、部分装配过程等，每讲时长约为10分钟。附1和附2讲是对本书实验所需的两个定制器件的讲解，附3讲是插接导线的制作。

为方便大家动手实践，笔者将本书实验电路所需的全部配套元器件（包含全部CMOS集成电路，及其外围辅助元件和器材）组合在一起，需要的读者可扫描下面的二维码在应用电子的淘宝旗舰店购买。

为方便大家交流，我们还建立了本书读者技术交流微信群和QQ群，扫描下面的二维码，注明"加入CMOS数字电路制作群"，即可申请入群。我们将在群内尽量解答大家在学习过程中遇到的疑问，和大家共同交流、探讨相关技术问题。

当前，加强对青少年实践能力的培养，成为越来越广泛的社会共识。我们这本侧重动手实验的书，也希望能提供一些有益的帮助。本书可作为各类中等和高等院校学生学习数字电路基本原理的实验指导用书，也适合作为广大电子爱好者自己动手DIY时的参考手册。

本书由王晓鹏编写，张利哲完成制表和校对等工作。由于能力水平有限，书中难免会存在一些疏漏，欢迎大家指正，以便我们及时修正。阅读中有问题可发邮件至17326003@qq.com，或添加微信号yydzbj联系。

王晓鹏
2024年4月　于北京

手机淘宝 APP 扫一扫
直达应用电子淘宝店！

微信扫一扫
申请加入 CMOS
数字电路 DIY 制作微信群

QQ 扫一扫
申请加入 CMOS
数字电路制作群

目录

面包板电子制作
——数字电路制作**30**例

第一篇

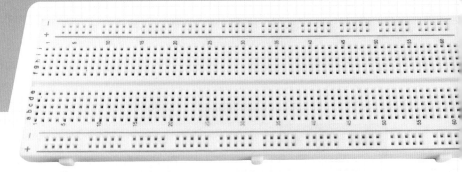

面包实验板是常用的电子制作实验器材，通常简称为面包板。它外形一般为长方形，几十年前就问世了，据说之所以叫面包板，是因为欧美早期的电子元器件体积都比较大，人们做实验时经常将这些元件固定在用于加工制作面包的木板（类似于中国切菜用的案板）上，再通过铆接和焊接的方式将元件进行连接，因此将其称为面包电路板。随着技术进步，元器件的体积逐渐减小，性能也有了质的飞跃，但面包板的称呼一直保留了下来。现在市面上面包板的规格种类繁多，既有大块的，也有小块的，既有单块的，也有可多块拼接的，使用非常灵活，图1-1就是常见的面包板。

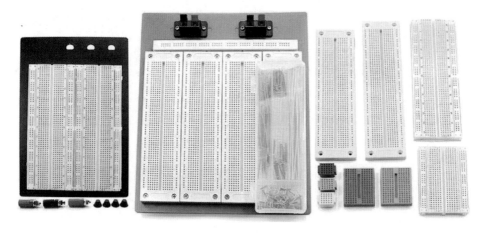

图1-1　常见的面包板

面包板内置有金属排插孔，按照固定的方式排列，实验时，将元器件的引脚插入相应的金属孔位中，从而实现电气连接。

一、MB102面包板

我们的实验用的面包板型号为MB102，也是比较常见的一款，实物外观见图1-2，在本书装配图中的样式见图1-3。

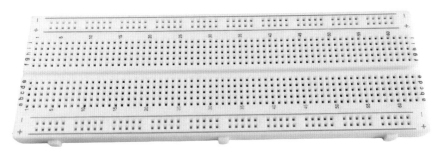

图1-2　MB102面包板实物外观图

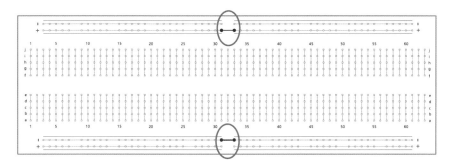

图1-3　MB102面包板在本书装配图中的样式

从图1-2中可以看出，在面包板的左、右两侧，纵向印有"abcde""fghij"的字样，横向印有数字标号，这是每个孔位的坐标编号。在图1-3中，可以看到面包板内部的连接情况。其中标有"abcde"的纵向5个孔，在面包板内部是连通的，标有"fghij"的纵向5个孔，在面包板内部也是连通的，因此，MB102型的面包板总体上是纵向每5个孔是连通的，其横向是不通的。

这款面包板的最上两排和最下两排，分别标有"+""-"符号，并印有红色和蓝色线条，红色线条对应"+"，表示接电源正极，蓝色线条对应"-"，表示接电源负极。在本书的实验中，均采用"上正、下负"的方式设置电源。具体来说，就是从上往下数，第二排红色的"+"统一定义为电源正极，倒数第二排的蓝色"-"统一定义为电源负极。而最上一排的蓝色"-"，和最下一排的红色"+"，除特殊说明外，一般不用。建议读者也采用这种方式，这种方式的电路既统一又美观，查看、测试时一目了然，非常方便。

不同厂家、不同批次生产的这款面包板，其内部连接也有所区别。对比图1-2的实物照片和图1-3的装配图，我们可以看到，二者区别主要在于图1-3的画圈的地方。部分厂家生产的这款面包板，在画圈的地方是不通的，其印制的红、蓝线条也不是贯通的，因此，我们在做实验时，一般建议用短导线将这个断开的地方连接起来，使得上、下电源都是整条贯通，便于使用。也有厂家生产的这款面包板，原本就是整条贯通的，如图1-2所示的面包板就是如此，因此不需要再用导线连通。通用起见，我们在绘制装配图时统一采用了红、黑短导线连通画圈处，读者可根据面包板的实际情况，自行决定是否需要用短导线连通这里。

除此之外，有的厂家印制的横向数字编号，起始位置也有所不同，图1-2所示的是从最左边第1列开始，编号为1。而有的厂家，编号1不是从最左边开始，而是从左边第3列或第4列开始。还有些厂家的"abcde""fghij"编号与图1-2也有所不同，并不是"a"在最下，"j"在最上，而是正好相反，"j"在最下，"a"在最上。由于编号的位置不同，会导致不同面包板之间的坐标定位出现差异。这就需要我们在实验中参考装配图的同时，根据实际使用的面包板情况，来确定元件安插孔位，不一定要完全照搬装配图的坐标。

此款面包板的背面一般是贴有双面胶，如图1-4所示。如果需要将面包板固定在木板、塑料板、玻璃板等绝缘板上使用，则可撕掉双面胶的保护贴纸，将面包板粘贴在绝缘板上。如果不需要粘贴使用，就不要揭掉保护贴纸，使用时将面包板平放在桌面上，底部不要悬空。

图1-4　MB102面包板背面

MB102型号的面包板在上、下边缘，还分别有凹槽和凸块，可用于多块拼接，从而扩大面积，搭接更加复杂的电路。

新的面包板孔位可能存在松紧差异，有的孔位偏紧，首次插入元件时会有点阻力，甚至插不进去，此时不要用蛮力硬插，尽力保持元件引脚垂直，多尝试几次，即可以插入；还可以用细的缝衣针，或硬的元件引脚先插拔一下。面包板孔位适合直径0.5mm左右的引脚插入；松紧程度适中。不要插入过粗的元件引脚，那样容易将孔内的簧片撑开，导致再插其他元件引脚时出现接触不良的情形。实验所用的1/4W直插电阻引脚直径普遍只有0.35mm左右，在插入面包板时会感觉偏松，但一般能正常夹持，如果遇到过松的孔位，在保持电路连接关系不变的情况下，可以纵向换到相邻的孔位。

总之，在做实验时，要因地制宜，参考装配图中的连接位置，必要时也可以灵活变通，没必要去纠结个别孔位的松紧问题。

二、插接导线

在实验中，元件之间的电路连接，除了靠面包板自身的金属插孔实现单组垂直方向的连通外，还需要用导线将水平方向的金属孔位和垂直方向的不同组连接起来。我们建议使用0.2mm²的单股铜线，镀锡的线更好，线芯直径0.5mm左右，最好使用多种颜色的线，以便搭接电路时区分连接关系。这种导线适用于短距离连接使用，图1-5是单股镀锡铜导线实物外观图。

图1-5　单股镀锡铜导线实物外观图

插接线的形状可弯成圆弧形，如图1-6所示。圆弧形的插接线可以单手操作插拔，引脚间距可在一定范围内变化，机动灵活一些。当然也可以弯成直角形，插接时贴在面包板上，走线相对美观，但需要借助镊子等工具才能将线拔下，引脚间距也不能随意改变，灵活性稍差。线的长度可剪裁为3cm、5cm、8cm等多种，可根据实际情况自行确定数量。

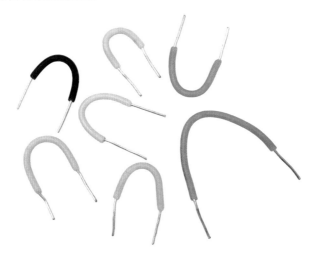

图1-6　弯成圆弧形状的插接线

实验时，我们建议凡是与电源正极相接的都统一使用红色线，凡是与电源负极（地）相接的，都统一使用黑色线，其他连接使用除红色和黑色以外的其他颜色线，相同连接关系的使用同一种颜色线。这样可使电路连线看起来清晰、准确，易于理解、便于检查测试电路。本书电路装配图中也遵循了这种颜色定义。

图1-7　自制导线

如果需要自制导线也很简单，不一定非要用剥线钳，用一把普通剪刀剪断导线，再用一把裁纸刀或刀片剥离导线外皮，见图1-7，只需左手轻捻导线，即可轻松剥下外皮。剥出的线头长度在7~8mm为宜。

电子市场上还有面包板专用的插接线销售，见图1-8。这种连线颜色多样，长短均有，但最短的也在10cm以上，适合较长距离的连接，更适合在由多块面包板组合而成的较大面积的面包板上使用。我们的实验都是在单块面包板上完成的，这种专用插接线用起来显得比较长，同时使用数量多的话会显得凌乱，分析查找故障也比较麻烦，反倒不如前面介绍的单股短铜线看得清爽。

图1-8　面包板专用插接线

以上介绍的两种导线大家在做实验时可以互相配合使用，短距离连接就使用单股镀锡铜线，长距离连接就使用市售的面包板专用线。如果是搭接一次性的实验电路，即不需要重复利用导线的话，就建议裁剪合适长度的单股镀锡铜线，将线头部分弯成90°，使导线紧贴在面包板上，这样电路连接简洁、清晰、可靠。

第二章
常用集成电路介绍

第一节
CMOS集成电路简介

CMOS一词源于英语Complementary Metal-Oxide Semiconductor，意为互补型金属氧化物半导体晶体管，是目前应用广泛的数字电路。CMOS集成电路是由绝缘场效应晶体管组成，它的主要优点是输入阻抗高、功耗低、抗干扰能力强且适合大规模集成。

常见的CMOS集成电路品种包括4000系列和74HC系列的高速CMOS电路。本书所采用的均为4000系列，本系列具有性能稳定、功能完备、工作电压范围宽、货源充足、价格低廉等优点，配合面包板使用的CMOS集成电路均为双列直插（DIP）封装，引脚间距与面包板孔位一致，均为2.54mm，也就是0.1in（1in＝2.54cm），适合手工装配调试，是我们做数字电路实验的理想器件。

另外一大系列是74HC高速CMOS电路，它的逻辑功能和引脚排列与相应的74LS系列品种相同，但工作速度快，功耗更低。感兴趣的读者可以另外查阅相关介绍。

一、CMOS集成电路的性能及特点

1.功耗低

CMOS集成电路采用场效应管，且都是互补结构，工作时两个串联的场效应管总是处于一个管导通另一个管截止的状态，电路静态功耗理论上为零。实际上，由于存在漏电流，CMOS电路尚有微量静态功耗。单个门电路的功耗在毫微瓦（nW）数量级，动态功耗（在1MHz工作频率时）也仅为几mW。

2.工作电压范围宽

CMOS集成电路供电简单，可在直流3~18V电压下正常工作，一般建议在5~12V。在本书中均采用4节5号电池盒给电路供电，它输出的直流电压为6V。

3.输入阻抗高

CMOS集成电路的输入端一般是由保护二极管和串联电阻构成的保护网络，比一般场效应管的输入电阻稍小，在正常工作电压范围内，这些保护二极管均处于反向偏置状态，直流输入阻抗取决于这些二极管的泄漏电流，通常情况下，等效输入阻抗高达108~1011Ω，因此CMOS集成电路几乎不消耗驱动电路的电能。

4.输出能力强

由于CMOS集成电路的输入阻抗极高，这也就意味着其自身对其他外围电路的影响非常小，易于被其他外围电路所驱动，同时也容易驱动其他类型的器件。当CMOS集成电路用来驱动同类型输入端，如不考虑速度，一般可以驱动30个以上的输入端。

5.温度稳定性好

由于CMOS集成电路的功耗很低，内部发热量少，CMOS电路线路结构和电气参数都具有对称性，在温度环境发生变化时，某些参数能起到自动补偿作用，因而CMOS集成电路的温度特性非常好。一般塑料封装的CMOS集成电路工作温度范围可为﹣40~+85℃。

下面我们先简单认识一下CMOS集成电路内部构造原理。图2-1-1是一个最基本单元的反相器。它是由一个增强型P沟道的MOS场效应管和一个增强型N沟道的MOS场效应管互补连接构成的，组成了互补结构。在工作中，两个串联的场效应管总是处于一个管子导通，另一个管子截止的状态。其中NMOS管是开关器件，是输入管；PMOS管是负载管，也称有源负载。两只管子的栅极G连在一起作为反向器输入端Vi，漏极D也连在一起作为输出端Vo。输入管的源极S接地（Vss端），负载管的源极S接电源正极（Vdd端）。逻辑"1"为高电平，逻辑"0"为低电平，也就是正逻辑方法。

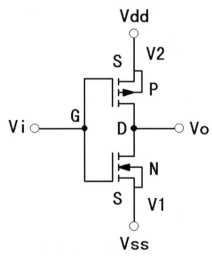

图2-1-1 CMOS集成电路基本构造

当输入端Vi信号为低电平时，V1截止，V2导通，输出Vo端为高电平，当输入端Vi信号为高电平时，V1导通，V2截止，输出端Vo为低电平。这就实现了输入与输出反相功能。其他更加复杂的CMOS集成电路也大多是由反相器单元组合而成，用来实现各种各样的功能。

CMOS集成电路的名称命名既有共性，又有所不同。前缀一般表示生产厂家，常见的如CD、MC、HEF、TC等。中间数字表示该数字电路的具体功能，如4069就是六反相器，4013就是双D触发器。后缀表示不同具体参数等级或封装形式，比如传输延时时间、工作温度、电源电压等具体参数，不同后缀的集成电路，表示其存在一些差异，具体情况需要查阅厂商提供的资料或者相关手册介绍。当然这些差异在价格上也会有所体现，以便供用户选择使用。

我们的实验对集成电路的要求并不高，这些参数上的差异对实验没什么影响，选择哪个厂家生产的产品都可以，因此，为避免不必要的歧义，我们在具体实验电路图中，对集成电路仅标注数字，用于表明其功能，前缀和后缀均省略。

我们在电路原理图和电路装配图上，用字母IC来表示集成电路，后边用数字来表示顺序编号，如IC1、IC2等。对于同一个集成电路内包含了多个同样功能的部件，如一个4069内包含6个同样的反相器，一个4011内包含4个与非门，那么在数字编号后面用字母A、B、C……来表示具体部件，如IC1A、IC1B、IC1C……。

二、CMOS集成电路实验时注意事项

由于CMOS集成电路的输入阻抗高，因此它的各输入端不能悬空，否则将带来输入端电平的不确定性，从而影响电路正常工作。故对于CMOS集成电路的功能设置输入端，要么接高电平，要么接低电平，或者通过上拉或下拉电阻，分别接高电平或低电平。对于信号输入端，也需同样处理，要么由前级电路输出端来确定，要么通过上拉或下拉电阻，分别接高电平或低电平，以确保输入端不处于悬空状态。

在很多CMOS集成电路当中，一颗芯片中封装有功能相同的好几组电路，例如我们要用到的4069芯片，它里面就有6个完全一样的反相器，实际电路中可能只用了4个，另外2个没用到。没用到的反相器输入端，也建议接高电平或低电平，使其输出端稳定在低电平或高电平上。否则，如果反相器输入端悬空，则输出端状态将不确定，忽高忽低，就可能对另外4个正常工作的反相器造成干扰，从而影响电路的稳定运行。

正确识别引脚，切勿反插。CMOS集成电路实物正面印有型号，左边有一个缺口，那么左下角的引脚为第一引脚，按逆时针方向排列，则左上角为最后一个引脚。在本章后面所介绍的具体集成电路中，都有相应的引脚标注。

本书中采用的CMOS集成电路，都是左上角的引脚为电源正极端，右下角的引脚为电源负极端，也就是接地端。在实验时一定要正确区分好引脚，集成电路方向要摆正，如果反接并且通电了，短时间集成电路就可能会发热并导致永久损坏。

由于CMOS集成电路输入阻抗高，它对静电的影响更加敏感。如果我们处于

干燥的环境加上穿着化纤的衣物，稍有摩擦就可能使身体带上高压静电，出现肉眼可见的打火放电现象。此时操作触摸CMOS集成电路，高压静电就可能击穿集成电路，导致其内部损坏。因此，建议有条件的用户，最好佩戴防静电手环并可靠接地，没有条件的用户，尽量不穿化纤及其他易起静电的衣物，操作前用手触摸一下金属自来水管，可以有效释放身上的静电。

我们特别建议初学用户，在没有特别良好的实验条件下，优先选用如图3-10-4所示的电池盒（本书配套销售的套件选用的类型）做电源，使用4节5号电池，额定电压为直流6V。这是因为电池电源最干净，没有杂波干扰，可以使电路工作最为稳定。如果有专用实验稳压电源也是可以选用的。但像手机充电器、外接适配器之类的，通过220V市电转换的开关电源，则不适用于本书的电路实验，这类电源含有较多的交流干扰成分，可能带来意想不到的干扰，影响电路的正常工作。

第二节
门电路

1.4069（六反相器、六非门）

反相器是执行逻辑"非"，也就是反相功能的逻辑器件，反相器也可以称作"非门"。电路图形符号见图2-2-1所示，图2-2-2是4069集成电路的引脚功能排列示意图。表2-2-1是4069集成电路的真值表。

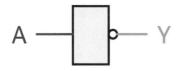

图2-2-1　非门电路图形符号

表2-2-1　4069集成电路真值表

A（输入端）	Y（输出端）
0	1
1	0

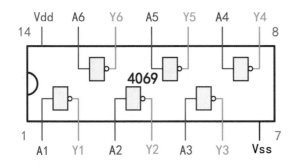

图2-2-2　4069集成电路引脚功能排列示意图

注：为了直观起见，示意图中的输入端或控制端用蓝色线条表示，输出端用绿色线条表示，电源正极用红色线条表示，电源负极（地）用黑色线条表示，引脚编号用藕荷色表示，下同。

非门逻辑关系的特点是，输入端A为低电平"0"状态时，输出端Y为高电平"1"状态；当输入端A为高电平"1"状态时，输出端Y为"0"状态。通俗来说，如果输入端A接电源正极，例如接+6V，则输出端Y呈现0V。如果输入端A接电源负极，例如0V，则输出端Y呈现+6V。

　　从图2-2-2中可以看出，一个4069集成电路内封装了六个反相器，这六个反相器功能、参数都一样，用户可以自行选择全部使用或部分使用。

　　图2-2-3是4069集成电路的实物外观图。图2-2-4是4069集成电路在本书装配图中的样式。

图2-2-3　4069集成电路实物外观图　　　图2-2-4　4069集成电路在本书装配图中样式

　　图2-2-5是验证4069第一组反相器功能的简易测试图。4069的第1脚接有下拉电阻R2，使A1平时处于低电平。第2脚Y1通过限流电阻R1接一只LED。此时如

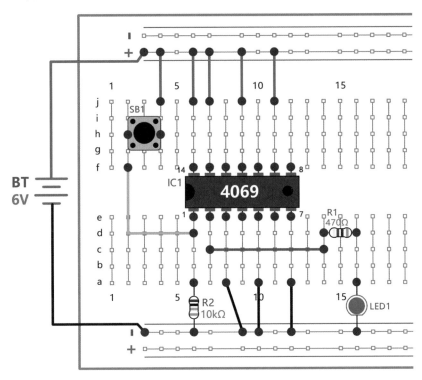

图2-2-5　4069集成电路简易测试图1

果我们接通电源，则A1为低电平，Y1为高电平，LED1会点亮。如果按下SB1且不松开，则第1脚A1为高电平，第2脚Y1将呈现低电平，LED1熄灭。松开SB1后，LED1重新点亮，恢复初始状态。该4069的其余暂时没有用到的5个反相器的输入端不建议悬空，就近接高电平或低电平。

图2-2-6是验证4069的第4组功能的简易测试图。4069的第9脚接有上拉电阻R2，使A4平时处于高电平。第8脚Y4通过限流电阻R1接一只LED。此时如果我们接通电源，则A4为高电平，Y4为低电平，LED1熄灭。如果按下SB1且不松开，则第9脚A4为低电平，第8脚Y4呈现高电平，LED1被点亮。松开SB1后，LED1熄灭，恢复初始状态。同样，该4069的其余5个未用到的反相器输入端就近接高电平或低电平。

以上试举了4069的两组反相器简易测试过程，其余几组反相器的测试也可以参照进行，输出端也可以用万用表来测试电平的高低。

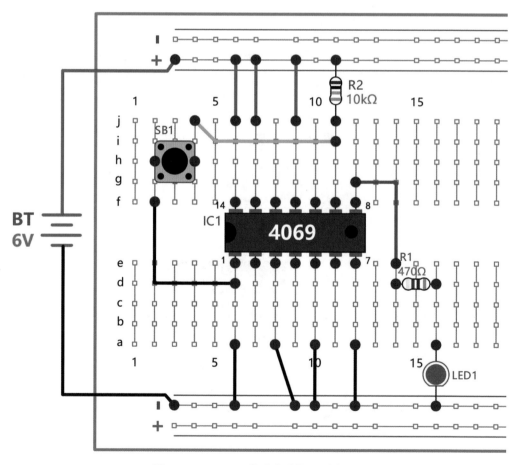

图2-2-6　4069集成电路简易测试图2

2.4011（四2输入端与非门）

与非门，顾名思义，是先执行"与"功能，再执行"非"功能。电路图形符号见图2-2-7。这里我们以典型的与非门集成电路4011来讲述，图2-2-8是4011集成电路的引脚功能排列示意图。表2-2-2是4011集成电路的真值表。

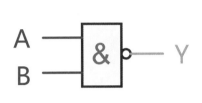

图2-2-7　与非门电路图形符号

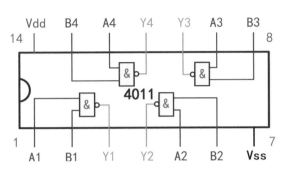

图2-2-8　4011集成电路引脚功能排列示意图

表2-2-2　4011集成电路真值表

A（输入端）	B（输入端）	Y（输出端）
0	0	1
1	0	1
0	1	1
1	1	0

与非门逻辑关系的特点是，只有当输入端全部为高电平"1"状态时，输出端才为低电平"0"状态，在其他输入状态下，输出端均为高电平"1"状态。

从图2-2-8中可以看出，4011内部共封装有四个与非门，每个与非门均有2个输入端，1个输出端。这四个与非门功能、参数一致，用户可以自行选择全部使用或部分使用。

图形符号中的"&"，其汉语语义一般代表"与""和"的意思，在有些电路中，经常会省略而不标注这个符号。输出端的小圆圈表示"反"的意思，不能省略。在图2-2-8中，输出端如果没有这个小圆圈，则代表"与"门，就不是"与非"门了。

图2-2-9是4011集成电路的实物外观图，图2-2-10是4011集成电路在本书装配图中样式。

图2-2-9　4011集成电路实物外观图

图2-2-10　4011集成电路在本书装配图中样式

图2-2-11是4011集成电路第一个与非门的简易测试图。A1、B1输入端分别接有R2、R3下拉电阻，使A1和B1平时处于低电平。此时通电，参照表2-2-2的第一行所列状态，A1和B1均为低电平"0"时，输出端Y1为高电平"1"，此时LED1点亮。单独按下SB1，A1为高电平"1"，但B1仍为低电平"0"，故LED1继续点亮，如表2-2-2第二行所列状态。同理，单独按下SB2时，LED1仍继续点亮，如表2-2-2第三行所列状态。如果将SB1和SB2同时按下，则A1和B1均为高电平"1"，则Y1输出低电平，LED1熄灭，如表2-2-2第四行所列状态。由此可验证，与非门的特点是输入端全为"高"时，输出为"低"。

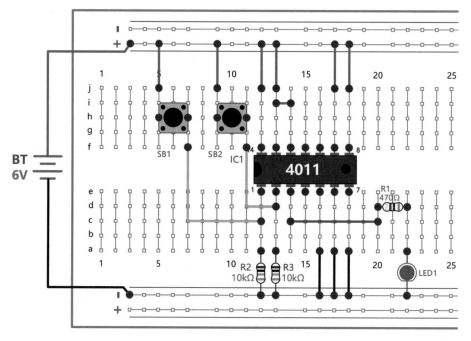

图2-2-11　4011集成电路简易测试图

感兴趣的读者，可以将其余3个与非门按上述方式分别测试。测试时，建议将其余暂时没用到的另外3个与非门的输入端，就近接高电平或低电平，不要悬空。

第三节

触发器

触发器与门电路一样，都是逻辑电路。门电路属于组合逻辑电路，触发器属于时序逻辑电路。组合逻辑电路的特点是，电路的输出状态完全由该时刻的输入状态决定，输入状态发生变化，输出状态也随着发生相应的变化。而时序逻辑电路的输出状态不仅取决于该时刻的输入状态，还与前一时刻的输入状态有关，它的状态变化经常是借助时钟脉冲的"触发"作用，因此，分析电路时必须考虑时钟脉冲的各种有关因素，它的另一重要特点是具有记忆数码（0或1）的功能。

触发器是计数器、分频器、移位寄存器等电路的基本单元电路之一，是这些电路的重要逻辑单元电路，在信号发生、波形变换、控制电路中也常常使用触发器。常用的触发器有D触发器、J-K触发器、R-S触发器、施密特触发器等，这里我们介绍的是常用的D触发器和施密特触发器。

1.4013（双D触发器）

图2-3-1是4013集成电路的引脚功能排列示意图。表2-3-1为引脚功能介绍。

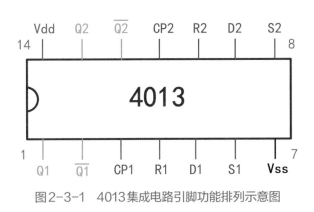

图2-3-1　4013集成电路引脚功能排列示意图

表2-3-1　引脚功能介绍

引脚	功能
Q	输出端
$\overline{Q}$	反相输出端
CP	时钟输入端
D	数据输入端
R	置"0"输入端
S	置"1"输入端

表2-3-2是4013集成电路的真值表。D触发器的输出状态的改变依赖于时钟脉冲的触发作用，即在时钟脉冲触发时，输入数据。D触发器由时钟脉冲上升沿触发，置位和复位有效电平为高电平"1"。D触发器通常用于数据锁存或者控制电路中。

表2-3-2　4013集成电路真值表

CP	D	R	S	Q	$\overline{Q}$
↑	0	0	0	0	1
↑	1	0	0	1	0
↓	×	0	0	Q	$\overline{Q}$
×	×	1	0	0	1
×	×	0	1	1	0
×	×	1	1	1	1

注：×表示任意状态，↑表示上升沿，↓表示下降沿，下同。

4013的工作过程是：

（1）$R=0$，$S=0$，在CP脉冲上升沿的作用下，$Q=D$。

（2）$R=0$，$S=1$，无条件置位，$Q=1$，该状态又称"置1"。

（3）$R=1$，$S=0$，无条件复位，$Q=0$，该状态又称"置0"。

$R=0$，$S=0$，$CP=0$，Q保持状态不变。

从图2-3-1中可以看出，4013内部共封装有两个D触发器，这两个触发器功能、参数一致，用户可以自行选择全部使用或部分使用。

图2-3-2是4013集成电路的实物外观图，图2-3-3是4013集成电路在本书装配图中的样式。

图2-3-2　4013集成电路实物外观图　　　图2-3-3　4013集成电路在本书装配图中样式

2.40106（六施密特触发器）

施密特触发器是一种特殊的门电路，它与普通的门电路，如前面介绍的4069有所不同，具有2个阈值电压，分别称为正向阈值电压和负向阈值电压。当输入信号从低电平转换为高电平的过程中，使电路状态发生改变的输入电压，就是正向阈值电压。同理，当输入信号从高电平转换为低电平的过程中，使电路状态发生改变的输入电压，就是负向阈值电压。正向阈值电压与负向阈值电压的差值称之为回差电压。图2-3-4是施密特触发器波形示意图，从图中可以看出，当输入端A的电平分别达到U_T+和U_T-时，输出端发生翻转，而不是到达最高或最低时才翻转。

由于施密特触发器具有延迟滞回的特性，它可作为波形整形电路，将模拟信号

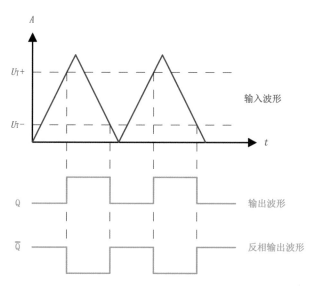

图2-3-4　施密特触发器波形示意图

的波形整形为数字电路易于识别的方波，因此电路的抗干扰能力也得到加强。

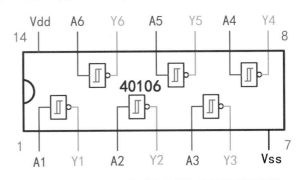

图2-3-5　40106集成电路引脚功能排列示意图

我们实验所需的施密特触发器型号是40106。图2-3-5是40106集成电路的引脚功能排列示意图。A是输入端，Y是输出端。

1个40106内含六个完全一样的施密特触发器。实际使用时可根据需要选择全部使用或部分使用，没用到的触发器，其输入端还是应该接高电平或低电平。

图2-3-6是40106集成电路的实物外观图，图2-3-7是40106集成电路在本书装配图中的样式。

图2-3-6　40106集成电路实物外观图

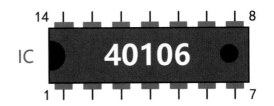

图2-3-7　40106集成电路在本书装配图中样式

第四节

计数器

在数字电路中，计数器应用非常广泛，不仅用于记忆脉冲个数，也经常用于分频、定时、程序控制、逻辑控制等电路中。计数器品种较多，按计数单元更新状态的不同，分为同步计数器和异步计数器两大类。同步计数器各个计数单元电路共用一个时钟，它们的状态变化是同步进行的，因此它们具有工作频率高、时间延迟小等优点，但要求CP时钟脉冲的功率较大，电路较复杂、异步计数器各个计数单元不共用一个时钟，后级的时钟可以是前级的输出。因此，异步计数器的优缺点正好与同步计数器相反。

计数器按计数形式分类还可分为二进制、十进制、n进制、加/减计数器、可逆计数器等等，这里我们介绍较常用的十进制计数器4017。

1.4017（十进制计数/分频器）

图2-4-1是4017集成电路的引脚功能排列示意图，表2-4-1是4017集成电路的真值表。

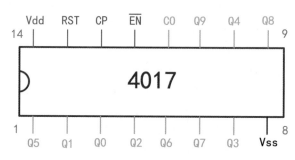

图2-4-1　4017集成电路引脚功能排列示意图

4017的引脚功能分别是：

CP：时钟信号输入端，用脉冲上升沿来计数，当计数到10个脉冲后，CO端输出进位脉冲，电路重新开始计数。

CO：进位脉冲输出端，当Q9输出高电平时，下一个脉冲送入CP端后，CO端输出高电平，代表进位脉冲。该端可用于级联时使用。

RST：复位端，当RET端有高电平送来时，电路清零，重新计数。

$\overline{EN}$：允许端，该端为低电平时，允许CP端计数。当CP端为高电平时，$\overline{EN}$端也可以在脉冲下降沿的作用下计数。

4017的工作过程是：

RST=0、$\overline{EN}$=0时，计数脉冲从CP输入，在脉冲上升沿的作用下计数。

RST=0、CP=1时，计数脉冲从$\overline{EN}$输入，在脉冲下降沿的作用下计数。

RST=1时，无论CP、$\overline{EN}$为任何状态，均无条件复位，此时，Q0=1，CP=0，$\overline{EN}$=0，输出状态不变化。

4017每计数1次，Q0~Q9端依次输出高电平，且每次只有1个Q端保持高电平，该高电平持续到下一个计数脉冲到来为止。Q0~Q9端的变化，相当于把计数脉冲依次从Q0移到Q9，因此，它们起到了脉冲分配和计数的作用。在计数到第5个脉冲时，进位输出端C0由"1"变为"0"，待第10个计数脉冲来到时，C0又由"0"变为"1"，即每计数10个脉冲，产生1个负跳变，由此可作为进位信号输出。

表2-4-1　4017集成电路真值表

CP	$\overline{EN}$	RST	输出Q_n
0	×	0	n（保持原来状态）
×	1	0	n（保持原来状态，禁止计数）
↑	0	0	$n+1$(计数)
1	↓	0	$n+1$(计数)
↓	×	0	n（保持原来状态）

CP	$\overline{EN}$	RST	输出 Q_n
×	↑	0	n（保持原来状态）
×	×	1	复位（$Q_0=1$）

图2-4-2是4017的波形示意图。从图中可以看出Q0~Q9的输出时序。其中 $\overline{EN}$ 在第12个脉冲上升沿到来时为高电平，Q1输出端也继续维持高电平不变，直至第13个脉冲上升沿到来时，$\overline{EN}$ 变为低电平，Q1也变为低电平，同时Q2输出高电平。以此来说明 $\overline{EN}$ 在电路中的作用。

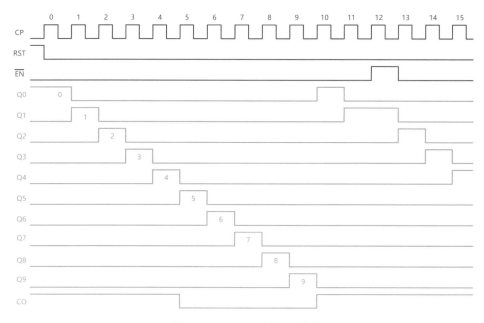

图2-4-2　4017波形示意图

图2-4-3是4017集成电路的实物外观图，图2-4-4是4017集成电路在本书装配图中样式。

图2-4-3　4017集成电路实物外观图

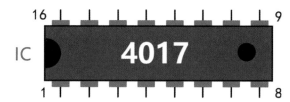

图2-4-4　4017集成电路在本书装配图中样式

2.4518（双BCD）同步加计数器

4518内含2个一样的计数器，它可以将时钟信号转换成BCD码。BCD码是用4位二进制数来表示十进制数中的0~9这10个数字，是二进制的一种数字编码方式，便于二进制数与十进制数之间的转换。4518中每个计数器都有两个时钟输入端，分别是CP和$\overline{EN}$。如果需要用时钟的上升沿触发时，信号由CP端输入，且$\overline{EN}$端需保持高电平。如果需要用时钟的下降沿触发时，信号由$\overline{EN}$端输入，且CP端需保持低电平。Q1~Q4是4个BCD码输出端，CLR是清零端，该端置为高电平时，计数器复位，Q1~Q4输出端均强制输出为低电平。图2-4-5是4518集成电路的引脚功能排列示意图，表2-4-2是4518集成电路的真值表。

图2-4-5　4518集成电路引脚功能排列示意图

表2-4-2　4518集成电路真值表

CP1	$\overline{EN}$	CLR	功能
↑	1	0	加计数
0	↓	0	加计数
↓	×	0	保持
×	↑	0	保持
↑	0	0	保持
1	↓	0	保持
×	×	1	复位

图2-4-6是4518的工作波形示意图，图2-4-7是4518集成电路的实物外观图，图2-4-8是4518集成电路在本书装配图中的样式。

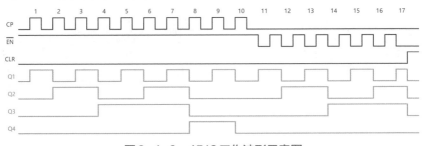

图2-4-6　4518工作波形示意图

图2-4-7　4518集成电路实物外观图

图2-4-8　4518集成电路在本书装配图中样式

第五节

译码器和驱动器

译码器的作用是将一种数码转换成另一种数码，它的输出状态是其输入各种状态组合的结果，是一种组合电路。译码器主要分为数码译码器和显示译码器，数码译码器的功能是从输入端输入一种数码，从输出端可以得到另一种数码。显示译码器是将输入信号译码后驱动显示器件来显示结果。下面我们要介绍的4511和40110就是不同功能的显示译码器，它们都可以直接驱动数码管，因此我们将译码器和驱动器放在一起来介绍。

1.4511（BCD码-7段显示译码器/驱动器）

4511是BCD码-7段显示译码器，图2-5-1是4511集成电路的引脚功能排列示意图。它有4个输入端，分别是A、B、C、D，用于BCD码的输入。有7个输出端a~g，可以直接驱动1位共阴数码管显示十进制数字。每当输入端输入4位BCD码时，输出端就会实时显示1位对应的十进制数。4511还具有锁存功能，当LE端为高电平时，输出端当锁定当前数字，不再受输入端BCD码变化的影响。$\overline{LT}$是测试端，该端为低电平时，输出端全为高电平，数码管显示数字8。$\overline{BI}$是消隐控制端，该端为高电平时，输出端全为低电平，数码管熄灭。

另外，当BCD输入端的输入的码大于1001时，输出端也

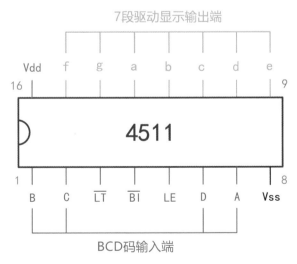

图2-5-1　4511集成电路引脚功能排列示意图

全为低电平，数码管呈现熄灭状态。表2-5-1是4511集成电路的真值表。

表2-5-1　4511集成电路真值表

十进制数或功能	输入端							输出端							状态
	LE	$\overline{BI}$	$\overline{LT}$	D	C	B	A	a	b	c	d	e	f	g	
0	0	1	1	0	0	0	0	1	1	1	1	1	1	0	显示
1	0	1	1	0	0	0	1	0	1	1	0	0	0	0	
2	0	1	1	0	0	1	0	1	1	0	1	1	0	1	
3	0	1	1	0	0	1	1	1	1	1	1	0	0	1	
4	0	1	1	0	1	0	0	0	1	1	0	0	1	1	
5	0	1	1	0	1	0	1	1	0	1	1	0	1	1	
6	0	1	1	0	1	1	0	0	0	1	1	1	1	1	
7	0	1	1	0	1	1	1	1	1	1	0	0	0	0	
8	0	1	1	1	0	0	0	1	1	1	1	1	1	1	
9	0	1	1	1	0	0	1	1	1	1	1	0	1	1	
10	0	1	1	1	0	1	0	0	0	0	0	0	0	0	熄灭
11	0	1	1	1	0	1	1	0	0	0	0	0	0	0	
12	0	1	1	1	1	0	0	0	0	0	0	0	0	0	
13	0	1	1	1	1	0	1	0	0	0	0	0	0	0	
14	0	1	1	1	1	1	0	0	0	0	0	0	0	0	
15	0	1	1	1	1	1	1	0	0	0	0	0	0	0	
灯测试	×	×	0	×	×	×	×	1	1	1	1	1	1	1	显示
消隐	×	0	1	×	×	×	×	0	0	0	0	0	0	0	熄灭
锁存	1	1	1	×	×	×	×	—							

图2-5-2是4511集成电路的实物外观图，图2-5-3是4511集成电路在本书装配图中的样式。

图2-5-2　4511集成电路实物外观图

图2-5-3　4511集成电路在本书装配图中样式

需要提示的一点是，4511是比较早期设计的数字集成电路，其显示十进制数

"6"和"9"时，字形"6"的最上面没有一横，"9"的最下面也没有一横，这与其他数码显示字形有些区别，是4511特性决定的，并非显示故障。

2.40110（十进制加/减计数/7段译码器/驱动器）

40110是一款具有十进制的加/减计数，并可以直接驱动1位共阴数码管显示的译码器/驱动器。图2-5-4是40110集成电路的引脚功能排列示意图。

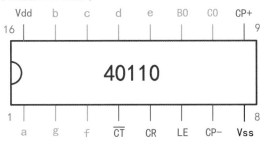

40110具有2个时钟输入端，CP+是加法计数脉冲输入端，CP-是减法计数脉冲输入端。

图2-5-4　40110集成电路引脚功能排列示意图

CO是进位脉冲输出端，BO是借位脉冲输出端，可用于级联使用。

g是7段数码管驱动端。$\overline{CT}$是计数使能控制端，该端为高电平时，停止计数，低电平时允许计数。

LE是锁存控制端，该端为低电平时，正常计数，输出端a~g正常驱动数码管显示数字，该端为高电平时，输出端a~g停止变化，数码管显示当前锁存的数字，但集成电路内部计数依然继续进行，一旦该端恢复为低电平后，数码管立即显示当前正在进行的计数数字。

CR是复位端，也就是清零端，当该端为高电平时，计数清零。

3.1位数码显示适配板

由于在面包板上搭接40110驱动数码管电路会比较复杂，连线较多，特别是级联时接线更多，增大了搭接电路的难度，容易出现错误和故障，为此我们专门设计了一款适配板，可以方便地插接在面包板上，大大简化了接线数量，增强了搭接电路的可靠性。图2-5-5是1位数码显示的40110适配板的实物外观图，图2-5-6是该适配板的电路原理图。

图2-5-5
1位数码显示40110适配板的实物外观图

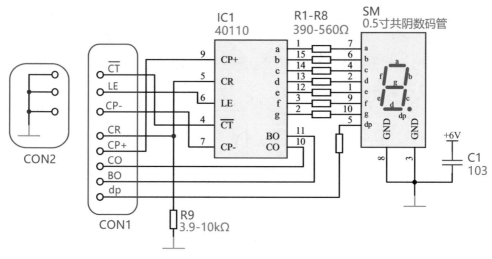

图2-5-6　1位数码显示40110适配板电路原理图

从实物图和原理图上可以看出，适配板上40110集成电路与数码管之间已经连接好，无需再用导线连接。板上设置有CON1和CON2两组插排孔，其中CON1是40110的输入端和功能设置端，共有8个孔位，对应40110的各个设置端。CON2是GND（地）端，共有3个孔位。适配板背面的上、下各有2个电源排针，用于插在MB102面包板的上、下电源插孔上，其正、负极的定义面包板电源排的定义一致。

使用时，先将适配板插接在MB102型面包板上，然后根据电路需要，用黑色短导线将CON1与CON2相应的孔位连接起来就可以使用了。

例如，我们只需要正常加计数，那么先用3根黑色短导线将分别将$\overline{CT}$、LE、CP-与CON2的孔位连接，将计数脉冲从CP+端输入，数码管就可以正常显示加计数。

图2-5-7是40110适配板在本书装配图中的样式。在具体实例中也能看到这款适配板的具体应用和接线（在配套销售的元件包里，提供了2块40110的适配板，可以做级联使用）。有了这块适配板，就可以在面包板上插接带有数码显示的电路，连线得到大幅简化，从而有效提高了装配效率，电路连接的可靠性也得到显著提升。

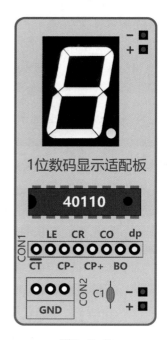

图2-5-7
40110适配板在本书装配图中样式

第六节

模拟开关

模拟开关是采用MOS管的开关方式来实现对信号通路的闭合或断开，其功能类似于机械开关，并且是通过模拟器件的特性实现，故称之为模拟开关。CMOS的模拟开关具有双向传输性能和较高的开关速度，它关断时阻抗很高，可以看成开路，导通时阻抗低，通常只有几十欧姆。因此模拟开关在数字电路中也得到了非常广泛的应用。下面我们介绍一下最常用的模拟开关集成电路4066。

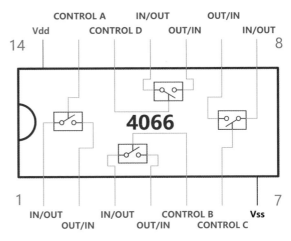

图2-6-1　4066集成电路引脚功能排列图

4066四双向模拟开关。4066是包含4个独立的模拟开关集成电路，每个开关有1个控制端、1个输入端和1个输出端，当控制端为高电平时，开关导通，当控制端为低电平时，开关断开。每个开关都可以传送模拟信号或数字信号。图2-6-1是4066集成电路的引脚功能排列图。

从图2-6-1可以看出，第1脚和第2脚分别是模拟开关的两个端点，可不区分输入端和输出端，当第13脚CONTROL A控制端为高电平时，模拟开关的第1脚和第2脚之间闭合，开关导通。当CONTROL A控制端为低电平时，开关断开。4066集成电路内其余3个模拟开关功能一样。

图2-6-2是4066集成电路的实物外观图，图2-6-3是4066集成电路在本书装配图中样式。

图2-6-2　4066集成电路的实物外观图

图2-6-3　4066集成电路在本书装配图中样式

第七节
移位寄存器

移位寄存器是数字电路中的一个重要部件，它是一种时序电路，具有寄存数据和移位功能，应用十分广泛。在一些串行运算时，需要用移位寄存器把二进制数据依次一位一位地送入全加器进行运算，再将运算结果一位一位地存入寄存器中。在某些数字电路中，要将并行数据转换成串行传送，或者将串行数据转换成并行传送，在这些数据转换过程中，也需要用到移位寄存器。

移位寄存器的种类比较多，按照输入方式可分为串行输入、并行输入，串/并输入等，按照输出方式可分为串行输出、并行输出，串/并输出等，按照数据移位方向可分为左移、右移、双向移位等。下面要介绍的是一款串行入、并行出的移位寄存器。

4015双4位串行入–并行出移位寄存器。4015是具有串行入–并行出功能的移位寄存器，内含2组4位寄存器单元，每组寄存器都有1个时钟脉冲输入端CLK，1个清零端RST和1个串行数据输入端D。每组寄存器单元的输出端都有引脚引出，既可以做串行输出，也可以做并行输出。加载在D端的数据在时钟脉冲的作用下，向右移位。如果清零端RST加载了高电平，则寄存器全部清零。图2-7-1是4015集成电路的引脚功能排列图，表2-7-1是4015集成电路的真值表。

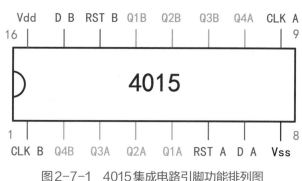

图2-7-1　4015集成电路引脚功能排列图

表2-7-1　4015集成电路真值表

输入			输出				功能
CLK	D	RST	Q0	Q1	Q2	Q3	
×	×	H	L	L	L	L	清除
↓	×	L	Q_{0n}	Q_{1n}	Q_{2n}	Q_{3n}	保持
↑	L	L	L	Q_{0n}	Q_{1n}	Q_{2n}	右移
↑	H	L	H	Q_{0n}	Q_{1n}	Q_{2n}	

图2-7-2是4015集成电路的实物外观图，图2-7-3是4015集成电路在本书装配图中样式。

 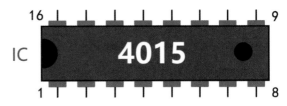

图2-7-2　4015集成电路的实物外观图　　图2-7-3　4015集成电路在本书装配图中样式

第八节
分频器

在数字电路中的"分频"，就是把输入信号的频率变换为成倍数的低于输入频率的信号。它的原理是：把输入的信号作为计数脉冲，由于计数器的输出端口是按一定规律输出脉冲的，所以对不同的端口输出的信号脉冲，就可以看作是对输入信号的"分频"。用计数器的方法做"分频器"，是众多分频方法中的一种。至于分频频率是怎样的，由选用的计数器所决定。使用计数器来做分频，首先是计数。例如采用十六进制计数器，每来一次外部时钟，记一次数，当计数到16时，计数器输出一个方波。然后重新计数。当再次达到16时再次输出，这样就形成了十六分频。如果是十进制的计数器那就是十分频，如前面介绍的十进制计数器4017，就可以作为十分频器。如果是二进制的计数器那就是二分频，还有四进制、八进制等。采用不同的计数器就可以实现不同分频。但是采用单一计数器只能实现整数分频，不能进行小数分频。

下面介绍的4060，是一款很常用的14位的计数器/分频器。

4060 14位二进制串行计数器/分频器。4060集成电路是一种内置振荡器的14分频串行计数器。图2-8-1是4060集成电路的引脚功能排列图。表2-8-1是4060集成电路的真值表。

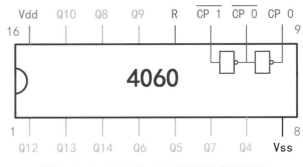

图2-8-1　4060集成电路引脚功能排列图

4060的输出端为Q4~Q14,对应的分频系数为16 ~ 16384。例如，Q4的分频系数就是2^4=16，Q14的分频系数就是2^{14}=16384。4060分频是从Q4开始，也就是最小分频系数是16，没有Q1~Q3。

R端是复位端，当R端为高电平时，计数器清零且振荡器使用无效。

表2-8-1　4060集成电路真值表

CP0	$\overline{CP0}$	$\overline{CP1}$	R	功能
↑	↓	↓	0	计数
1	0	—	1	复位

从图2-8-1可以看出，4060的第9、10、11脚内部是振荡器，可以通过外接阻容元件，构成信号源，如图2-8-2所示。电路中如果$10\times R_1=R_2$时，该振荡器的振荡频率约为：

$$f\approx\frac{1}{2.2\times R_1\times C}$$

R2一般可以按照R1的2~10倍选取。

4060

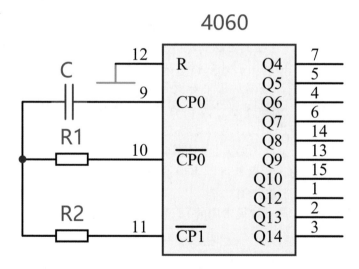

图2-8-2　4060外接阻容元件组成的振荡器

精度要求比较高的电路，也可以使用晶振来作为频率基准。图2-8-3是4060外接晶振的振荡电路图，图中R的取值要大一些，建议取10MΩ或以上。C1可用20p瓷片电容，C2可选3-20p可变电容，用于频率微调校准。

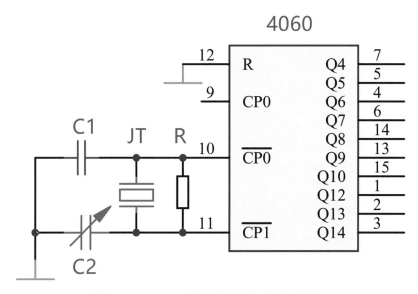

图2-8-3　4060外接晶振的振荡器电路图

　　需要说明的一点是，关于4060这款CMOS数字电路，在实际应用中还有很多要求和讲究，特别是在使用外接晶振电路且晶振为小圆柱封装时，如最常见的32768Hz的圆柱晶振，有时会出现不易启振的现象，甚至不同厂家生产的、不同批次的该型号集成电路，都可能存在类似问题。解决的办法一般是需要变更第10、11脚外接阻容元件的连接方式，规划好PCB电路板的走线，使外围的元件和晶振尽量靠近集成电路。由于我们的实验都是在面包板上来完成的，分布电容较大，且32768Hz晶振普遍为小圆柱封装，引脚又细又短，不适合在面包板上插接使用，因此本书中4060集成电路的振荡信号源都是采用图2-8-2的外接阻容元件来实现的，没有采用晶振。虽然这会导致电路频率的稳定性受到一定影响，但可以有效避免出现上述问题，从而确保电路稳定可靠工作。

　　图2-8-4是4060集成电路的实物外观图，图2-8-5是4060集成电路在本书装配图中样式。

图2-8-4　4060集成电路实物外观图

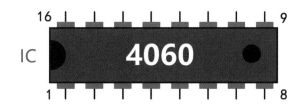

图2-8-5　4060集成电路在本书装配图中样式

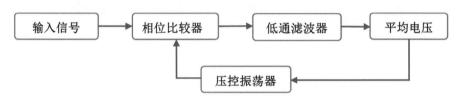

第九节
锁相环电路

CMOS锁相环电路在数字电路系统中主要用于信号处理，多用于频率的合成、锁定、调制等，一般由相位比较器、低通滤波器和电压控制振荡器这三部分组成。这里我们介绍一款CMOS的锁相环集成电路4046，它通过外接低通滤波器，就可以构建成一个完整的锁相环电路，也称作PLL系统。图2-9-1是PLL系统的功能方框图，图2-9-2是4046集成电路的引脚功能排列图。

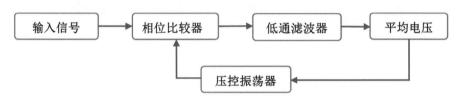

图2-9-1　PLL系统功能方框图

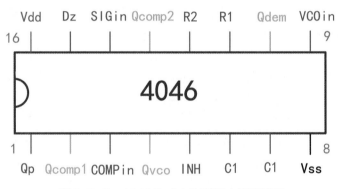

图2-9-2　4046集成电路引脚功能排列图

锁相环电路的基本工作原理是，相位比较器对外界的音频信号与内部的脉冲信号的中心频率进行比较，当频率相同时，从第一脚输出高电平。但无论外界音频信号还是内部的振荡信号，其频率都会产生漂移，两者频率实际上不可能完全一样，这时锁相环电路就处于失锁状态。为了解决这个问题，通过低通滤波器将相位比较器输出的电压，反馈到电压控制的振荡器上，以改变内部振荡脉冲的频率，使之与外界信号的频率相同。这种由最初始的失锁状态，到最终的锁定状态所允许的输入信号频率范围，称频率捕捉范围。始终处于锁定状态所允许的输入信号频率范围称为频率锁定范围。

图2-9-3是4046集成电路内部的功能框图，其引脚功能分别是：

COMin和SIGin为相位比较器的输入端；

Qcomp1和Qcomp2为相位比较器的输出端；

VCOin为电压控制振荡器的输入端（以下简称压控振荡器，即VCO）；

Qvco为压控振荡器的输出端；

Qdem是解调信号输出端；

INH为禁止端，当该端为高电平"1"时，禁止Qvco端输出；

Dz为内部稳压管的负极；

C1端（第6脚和第7脚）为压控振荡器的外接电容端；

R1和R2为压控振荡器的外接电阻端。

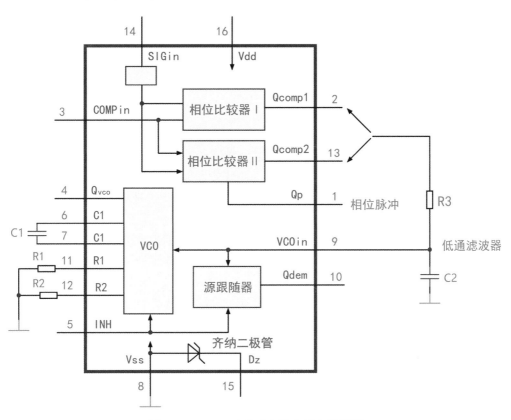

图2-9-3　4046集成电路内部功能框图

相位比较器Ⅰ是一个异或门，为了扩大锁定范围，信号输入端SIGin和比较器输入端COMPin的输入信号须为50%的占空比。当无信号输入时，异或门的输出平均电压等于电源电压Vdd的1/2，经过低通滤波电路R3和C2后，送到VCOin端，使压控振荡器VCO在中心频率f0上起振。

4046内部的压控振荡器，可以在电压的控制下产生很宽范围的脉冲信号，频率可覆盖从低频率到数MHz，振荡频率由外接电容C1和外接电阻R1、R2共同决定。中心频率由第11脚外接的电阻R1确定，最低频率由第12脚的外接的电阻R2确定。其振荡频率还可以由外部控制电压改变，这个控制电压从第9脚VCOin输入，电压越高，振荡频率也越高。第4脚Qvco为压控振荡器的输出端。

外接电阻R1和R2都可以决定振荡频率，它们的区别是，如果只接R1不接R2，振荡频率范围没有下限，可以从最低调到最高，如果同时接入R2，则振荡器频率有一个下限，只能从某一频率开始，随着电压升高而升高。我们可以根据实际电路需要，确定是否需要接入R2。

在不接入R2的情况下，压控振荡器的中心频率：$f_0 = \dfrac{1}{2\pi R_1 C_1}$

在4046内部有两个相位比较器，相位比较器Ⅰ的特点，一是能锁定接近压控振荡器VCO中心频率的谐波输入频率。二是两个输入信号相位差在$0^0 \sim 180^0$之间，在中心频率处相位差为90^0。

相位比较器Ⅱ是一个边沿控制的数据存储网络，它内部由4个触发器、控制门、三态输出电路组成。由于输入信号仅在上升沿起作用，所以对输入信号占空比没有限制。当SIGin端的输入信号频率高于COMPin端的输入信号频率时，低通滤波器输出电压上升；反之低通滤波器的输出电压下降。如果两个输入信号的频率和相位都相同时，输出端为高阻态，低通滤波器输出电压保持不变，与此同时，Qp输出端为高电平"1"，表示处于锁定状态。如果没有信号输入时，相位比较器Ⅱ使压控振荡器VCO处于最低振荡频率。

由于4046是一种多功能复合型的集成电路，可以实现压控振荡器、频率合成、频率调制、锁相环等多种用途，在后面具体电路应用时，会根据需要做相应的取舍。

图2-9-4是4046集成电路的实物外观图，图2-9-5是4046集成电路在本书装配图中的样式。

图2-9-4　4046集成电路实物外观图

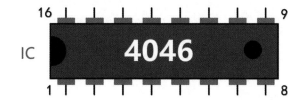

图2-9-5　4046集成电路在本书装配图中样式

第十节

555时基集成电路

做数字电路实验时，经常要用到时钟信号源，来作为数字电路的CP脉冲。而555集成电路就是一款非常理想的信号源。它可用作振荡器、脉冲发生器、延时发生器、定时器、方波发生器、单稳态触发振荡器、双稳态多谐振荡器、自由多谐振荡器、锯齿波产生器、脉宽调制器等等。广泛应用于电子控制、电子检测、仪器仪表、家用电器、音响报警、电子玩具等诸多方面。因此这款时基集成电路也成为了数字电路的好搭档，在我们接下来的实验中也要经常用到。

它具有如下几个特点：

（1）555时基集成电路在结构上是由模拟电路和数字电路组合而成，它将模拟功能与逻辑功能融为一体，能够产生较为精确的时间延迟和振荡。它拓宽了模拟集成电路的应用范围。

（2）555时基集成电路采用单电源。双极型555的电压范围为4.5～15V，而CMOS型的电源适应范围更宽，为2～18V。这样，它就可以和模拟运算放大器和TTL或CMOS数字电路共用一个电源。

（3）555时基集成电路可独立构成一个定时电路，且定时精度较高。

（4）555时基集成电路的最大输出电流（双极型）可达200mA，带负载能力强，可直接驱动小电机、喇叭、小继电器等负载。

555集成电路的引脚排列如图2-10-1所示，其定义分别是：

GND(地)，接电源地。

TRIG(触发端)，当此脚电压降至1/3VCC时，输出端OUT为高电平。

OUT(输出端)，输出高电平或低电平，可带动200mA以下的负载。

$\overline{RST}$(复位端)，该引脚为高电平时,内部定时器工作，为低电平时，集成电路复位，输出端OUT为低电平。

CTRL(控制电压),控制阈值电压，悬空时，则默认两个阈值电压分别为1/3VCC和2/3VCC。在本书实例电路中，大部分电路通过0.01μ（103）电容器接地，以消除干扰。

THR(阈值电压)，该引脚电压高于2/3VCC时，输出端OUT为低电平。

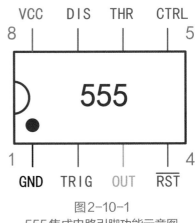

图2-10-1

555集成电路引脚功能示意图

（5）DIS(放电端)，用于给定时电容放电。

（6）VCC（电源端），接电源V+给集成电路供电。

国外很多半导体或器件公司以及我国的一些生产厂家都在生产555集成电路，其内部电路大同小异，且都具有相同的引出功能端。

市场上还有一款名为556的芯片，它实际就是2只555整合在一起，共用一组电源。555和556都有贴片封装可供选择。为便于在面包板上插接使用，本书实验所使用的是双列直插的双极型555集成电路。

表2-10-1是555时基集成电路的简明真值表。555集成电路的生产厂家众多，常见的有NE555、MC1555、KA555等。555集成电路分为双极型和CMOS型两种。我们的实验建议使用双极型的，工作电压为4.5~15V，第3脚输出/驱动电流可达200mA，可直接驱动小型继电器，缺点是静态电流也偏大。

表2-10-1　555时基集成电路简明真值表

第2脚	第3脚	第4脚	第6脚	第7脚
≤1/3VCC	高	高	任意	空
>1/3VCC	低	高	≥2/3VCC	低
>1/3VCC	不变	高	<2/3VCC	同3脚
任意	低	低	任意	低

CMOS型的555电路一般命名为7555，如NE7555，以便和双极型的相区别。7555的工作电压为2~18V，静态电流很小，只有80μA，这也是它最大的优点，特别适合在使用电池、低电源电压等场合使用。但7555的第3脚驱动电流很小，只有1mA，如果驱动继电器的话需要附加三极管放大。

以上简要介绍了555时基集成电路的基本原理，欲了解更加详细的说明可参考相关书籍。

我们实验所用的555集成电路为8脚双列直插式封装，图2-10-2是555集成电路的实物外观图，图2-10-3是555集成电路在本书装配图中的样式。

图2-10-2
555集成电路实物外观图

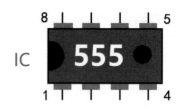

图2-10-3
555集成电路在本书装配图中样式

第十一节

9300音乐芯片

9300是一款内置一首乐曲或叮咚音色的集成电路，其外观示意图如图2-11-1所示。9300的引线功能定义及接线图如图2-11-2所示。

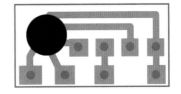

图2-11-1
9300音乐芯片外观示意图

当触发端为高电平时，即SB按下后，输出端将输出内置的音乐曲调，通过外接NPN型三极管就可以驱动扬声器发声。

一般来说，如果SB按一下就松开，则9300演奏一遍乐曲后就自动停止。

如果在演奏乐曲过程中，再次按一下SB，则9300不予响应，直至播放完乐曲后停止。

如果持续按下SB，即触发端持续为高电平，则将持续循环输出音乐曲调，直至触发端的高电平消除后，9300播放完当前乐曲后停止。

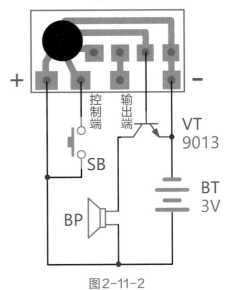

图2-11-2
9300音乐芯片引线功能定义及接线图

也有少数厂家生产的芯片，触发端是上升沿触发，也就是触发端由低电平变为高电平时，触发芯片演奏一遍乐曲，然后停止。即使触发端持续为高电平，也只演奏一遍乐曲就停止。只有触发端由高电平变为低电平后，再次变为高电平，才能再次演奏一遍乐曲。

9300是系列音乐芯片的统称，具体内含哪首乐曲，还是"叮咚"声，需要订购时确定，从外观上难以分辨所含具体乐曲名称。不过也有一种不需要焊接就能识别内含乐曲的方法：找一台中波收音机，另取一个3V电压的电池电源，将9300的正极和触发端一起与电池正极相接，9300的负极与电池负极相接，然后靠近中波收音机的磁棒，收音机就能传出音乐芯片演奏的乐曲。以此可以判断9300芯片的好坏，以及具体所含乐曲。

9300音乐芯片一般采用COB（chip On board）封装，就是将裸芯片直接做在电路板上，然后用环氧树脂包裹的封装方式，外观就是一个黑色的圆疙瘩，俗称软封装，被诙谐地称为牛屎芯片，适合大批量、低成本生产。但它不适合直接在面包板上使用。因此我们专门设计制作了一个转接板，可以直接插在面包板上使用。该转接板外观如图2-11-3所示，转接板共有5个引脚，每个引脚的定义在图上也有标注。图2-11-4是转接板在本书装配图中样式。

图2-11-3
9300音乐芯片转接板

9300音乐芯片转接板

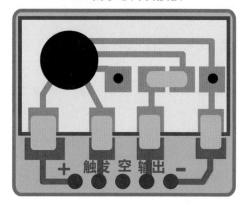

图2-11-4
9300音乐芯片转接板在本书装配图中样式

9300音乐芯片的工作电源电压为3~5V。自身功耗很小，不工作时静态电流极小，可不设置电源开关。由于本书中电路均采用6V电源，超过了芯片允许的最高工作电压，因此在本书的实验中，均串联了2只二极管，利用每个二极管的0.7V压降，使加载到9300芯片的电源电压在5V以下，以确保芯片正常工作。

在本书的实验里，用三极管驱动扬声器的时候，往往在扬声器上还串联有一只几十欧姆到一百欧姆的电阻，这主要是由于三极管直接驱动扬声器时虽然音量很大，但耗电量也很大，瞬间可达数百毫安，接近小功率三极管的工作极限，并超过了串联二极管的额定工作电流。串联电阻后，虽音量有所减小，但电流显著下降，有助于二极管和三极管的稳定工作，也大大减少了电池消耗。

在9300的电源正负极两端，经常还并联有一只电解电容，容量在数十微法，用于旁路。在使用电池做电源时，这个电容的作用不太明显，可以不接。如果使用外接电源适配器供电时，最好接上这个电容，并尽量靠近9300芯片，可使9300芯片稳定可靠工作。如果不接这个电容，有时会出现9300不容易被触发或者发声异常等情形。

9300音乐芯片问世比较早，经过多年的发展，生产厂家也比较多，不同厂家的型号定义也有所区别，外观也有部分变化，也不一定还叫9300，但功能和使用方式基本一样。

第三章
常用元件简介

在本书实验中，还需要不少辅助元件和器材，其中如电阻、电容、二极管、三极管等均为普通规格和常见的型号，这些元件的介绍、识别和测量，很多书籍和网上教程均有详细讲解，这里不再赘述，仅就本书实验所涉及的内容做要点讲述。

第一节
电阻器

1.固定电阻器

本书实验优先选择1/4W的四色环电阻，在电路原理图中的符号如图3-1-1所示，用字母R来表示，实物外观如图3-1-2所示，所需规格详见附录。之所以优选这种电阻原因是大小适中、易于识别、购买方便、价格低廉。

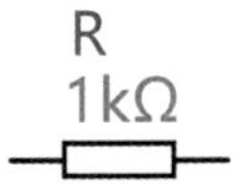

R
1kΩ

图3-1-1
固定电阻器电路原理图符号

当然使用五色环电阻也是可以的，实物外观如图3-1-3所示。只是五色环电阻多为蓝底漆，各颜色的色环色差比较接近，有时不易分辨，容易插错。四色环电阻的色差明显，稍加练习就能一眼分辨其阻值。但四色环电阻的引脚普遍比较细，插接在面包板上有时会显得比较松，一般能夹持住（如果感觉不理想，可以在不改变电路连接关系的前提下，将引脚纵向移动到相邻的孔位上，不必去纠结某个孔位的松紧）。在本书中各电路实验的装配图所使

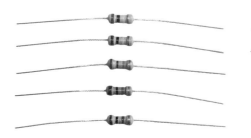

图3-1-2 1/4W四色环电阻实物外观图

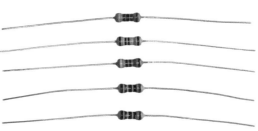

图3-1-3 1/4W五色环电阻实物外观图

用的电阻符号如图3-1-4所示，均按四色
环电阻绘制。

图3-1-4
固定电阻在本书装配图中的样式

有关色环电阻的色环识别，很多图
书都有介绍，网上资料也非常全面，这
里不再赘述。

2.可变电阻器

本书实验所使用的可变电阻器电路原理图符号如图3-1-5所示，用字母RP来
表示，实物外观如图3-1-6所示，共涉及2种规格，分别是10kΩ（103）和200kΩ
（204），括号内为实物上所标的数字，多采用3位数字来表示其阻值，其中前两位
表示为有效数字，第3位表示"乘以10的N次方"，也可以简化理解为在两位有效
数字后添多少个"0"，单位为"Ω（欧姆）"。

图3-1-7是可变电阻器在本书装配图
中所使用的样式。

图3-1-5
可变电阻器电路原理
图符号

图3-1-6
卧式可变电阻器实物
外观图

严格地讲，可变电阻器适用于调整
不太频繁的电路中，通过改变阻值使电
路达到规定要求后，就固定下来，不再
经常改变阻值。与可变电阻器功能相似
的还有电位器，其结构更加坚固，在电
路中调整更加频繁，如很多音响设备的
音量、音调调整旋钮，就是由音量电位
器构成的。电位器由于外形尺寸原因，
并不适合直接在面包板上使用，因此我
们在实验中，使用了可变电阻器来代替
电位器来完成各种实验，在新的国标
中，可变电阻器的电路符号如图3-1-8
所示。

图3-1-7
可变电阻器在本书装
配图中样式

图3-1-8
可变电阻器国标图形
符号

3.光敏电阻器

光敏电阻器是阻值可以随光线照射
的强弱变化而变化的一种器件，当光线
照射强时，呈现的电阻值小，光线照射
弱时，电阻值大。光敏电阻电路原理图
的符号如图3-1-9所示，用RG来表示，
其中R表示电阻，G表示阻值与光相关。
实物外观如图3-10-10所示。

图3-1-9
光敏电阻器电路原理
图符号

图3-1-10
光敏电阻器实物
外观图

光敏电阻有两个引脚，不区分极性。光敏电阻的制作材料也有多种，常见的是金属的硫化物、硒化物等半导体材料，基本原理是光电效应，在光敏电阻两端的电极上加上电压，其中会有电流通过，当受到光线照射时，电流就会随光线强弱而变化，从而实现光电转换。

光敏电阻的主要参数是暗电阻和亮电阻。暗电阻是在标准室温和全暗条件下，呈现的稳定电阻值。亮电阻是在标准室温下和一定光照条件下测得的稳定的电阻值。一般来说，光敏电阻的暗电阻越大越好，亮电阻越小越好，这样的光敏电阻灵敏度高。

单只的光敏电阻本身一般没有做任何标注，其型号和参数一般仅在大包装盒上做标注，我们实验所用的光敏电阻型号为MG45，是最常用的光敏电阻。其中"MG"表示光敏电阻器，"4"表示可见光，"5"表示相应的外形尺寸和性能指标。关于具体型号这里我们只需了解一下即可。

图3-1-11是光敏电阻器在本书装配图中的样式。

图3-1-11
光敏电阻器在本书装配图中样式

第二节
电容器

在本书实验中，仅涉及瓷介电容和电解电容两个品种。

1.瓷介电容器

瓷介电容器使用高介电常数的陶瓷材料挤压成圆片作为介质，并用烧渗方式将银镀在陶瓷上作为电极并通过引脚引出，其电路原理图符号如图3-2-1所示，实物外观如图3-2-2所示，用字母C表示。通常也称之为瓷片电容。瓷片电容有2个引脚，不区分极性。它的优点是性能稳定、体积小、分布参数影响小，适用于高稳定的振荡电路中。其缺点是电容的容量偏差会大一些，容量也较小。

电容的标准单位是F（法拉），1F=106μF（微法）=1012pF（皮法）。

瓷片电容目前多采用3位数字表示其容量。其中前两位表示为有效数字，第3位表示"乘以10的N次方"，也就是在两位有效数字后添多少个"0"，单位为"pF（皮法）"，常简化为"p"。

图3-2-1
瓷片电容电路原理图符号

图3-2-2
瓷片电容实物外观图

对于100pF以下容量的瓷片电容，一般仅用2位数字标示出容量，省略了第三位数字。

在本书中的电路原理图和装配图中，也是采用了3位数字的方式标注瓷片电容的容量，实际上也只使用了102、103、104三种规格，分别对应1000pF、0.01μF、0.1μF。这样标注可以使图纸与实物的标注相一致，免去了换算的步骤。

图3-2-3是瓷片电容在本书装配图中的样式。

图3-2-3
瓷片电容在本书装配
图中样式

2.电解电容器

电解电容器在电路中的使用量非常大，应用十分广泛，其电路原理图符号如图3-2-4所示，也是用字母C来表示，它的实物外观如图3-2-5所示。与前面介绍的瓷介电容符号相比，电解电容的符号上多了一个"＋"，表明该电容是有极性的，带"＋"的一端是正极，另一端是负极。

图3-2-4
电解电容电路原理图
符号

本书实验中用到的电解电容都是铝电解电容，外形通常为圆柱形，有两个引脚，新的电解电容引脚是1长1短，长引脚的是正极，短引脚的是负极，在外壳上，短引脚的一边还会印有"－"标记，表明该引脚是负极。

铝电解电容是目前用量最多的一种电解电容，具有价格低、容量大、货源多等优点，缺点是介质损耗大、容量误差大、耐高温性能差，存放时间长的话容易失效。

图3-2-5
普通电解电容实物外
观图

相比瓷介电容而言，电解电容的容量一般会比较大，其电容容量和耐压直接印制在外壳上面，本书中所涉及的实验采用耐压16V及以上的电解电容就能够满足需要。

图3-2-6是电解电容在本书装配图中的样式。

图3-2-6
电解电容在本书装配
图中样式

第三节

二极管

1.普通二极管

二极管在电子电路中有着广泛的应用，它是由导电能力介于导体和绝缘体之间的物质制成的器件，故而称为半导体二极管。半导体二极管由1个PN结构成，具有单向导电的特性。二极管型号、参数、外形同样有很多种。本书实验中仅使用其中一种，型号为1N4148，在本书中其电路原理图符号如图3-3-1所示，用字母VD来表示，实物外观如图3-3-2所示。

1N4148是一种玻璃封装的小功率普通二极管，主要参数为正向最大工作电流300mA，正向压降0.7V左右，反向峰值耐压100V。它有2个引脚，在管身的一端印有黑色圆环，表明该端引脚是负极，另一端自然就是正极了。1N4148适用于小信号或小功率电路，在本书实验中主要用于继电器续流、隔离、整流等用途。

需要说明的一点是，1N4148中的"1N"是源于国外的一种二极管表示方法，意为1个PN节，"4148"早前也是国外的一种型号，目前国内元器件厂家普遍向国际标准靠拢，因此很多国内元器件厂家生产的元件也同样标有"1N4148"字样，或者不采用"1N"，而是采用元件厂家自己的字母代号作为前缀标识，后面的"4148"则不变，因此，在采购元件的时候，二极管元件管身上印有"4148"，而前缀是其他字母标识的，也是指同样一个型号的管子，只是生产厂家不同而已。1N4148的体积很小，上面印的型号的字号也很小，需要仔细辨认。

图3-3-3是1N4148二极管在本书装配图中的样式。

2.发光二极管

发光二极管简称LED，也是二极管中的一种，在本书中的电路原理图符号如图3-3-4所示，用字母LED来表示，本书实验电路中所使用的LED实物外观如图3-3-5所示。

它是能直接把电能转换成光能的发光显示器件，发光二极管具有1个PN结，当在其两端加上适当的电压时，就能发光。使用不同的材料，就能制造出不同颜色的发光二极管。我们实验主要使用红、黄、绿、蓝色的发光二极管，这几种颜色的发光二极管性能稳定、价格低廉、通用性较强。

我们实验所用的发光二极管采用的是φ5mm，不

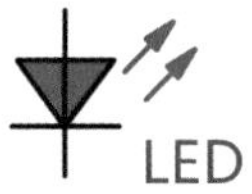

图3-3-1
本书中1N4148二极管电路原理图符号

图3-3-2
1N4148二极管实物外观图

图3-3-3
1N4148二极管在本书装配图中样式

图3-3-4
本书电路原理图所使用的LED图形符号

图3-3-5
本书实验电路中所使用的LED实物图

同颜色的发光二极管的正向工作电压也有所不同，可参考表3-3-1，这些也是需要我们了解的。

表3-3-1　常用颜色的发光二极管正向工作电压

发光颜色	正向工作电压典型值
红	1.8~2.0V
黄	1.9~2.1V
绿	2.0~2.2V
蓝	3.0~3.3V

表3-3-1所列的电压值并不是固定不变的，随各厂家生产材料和工艺不同，会有所变化。

特别提示： 在我们的实验中，发光二极管都必须串联限流电阻来使用，不能直接接在电源上，否则发光二极管将很快烧毁。有些初学用户不看说明，也不看图，拿LED当灯泡用，上来就直接接电源，导致发光二极管瞬间烧毁。他们以为是元件质量不好，实际是错误使用LED导致的。

发光二极管的正向工作电流在2~20mA时都能点亮，亮度会随电流增大而增大，我们建议在实验时，正向工作电流最好控制在5~10mA，电流过大，亮度增加有限，但发光二极管的安全使用寿命会受到显著影响。选择适当的限流电阻，可以将工作电流控制在适合的范围内。

图3-3-6
发光二极管引脚修剪样式

新的发光二极管，有两个引脚，其中长的是正极引脚，短的是负极引脚。很多发光二极管的管身外圆上，有一小段直线，该直线所在的引脚也表示为负极。

我们建议将发光二极管的正极引脚用镊子或尖嘴钳修剪成图3-3-6所示的样式，既便于在面包板上插接，也便于引脚极性的识别。

图3-3-7是LED在本书装配图中的样式。

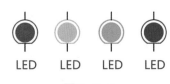

LED　　LED　　LED　　LED

图3-3-7
LED在本书装配图中样式

3.红外发射二极管

红外线同无线电波一样，都属于电磁波的范畴。人眼能看到的光，就是可见光，按照波长从长到短排列，依次为红、橙、黄、绿、青、蓝、紫。比紫光波长还短的光叫紫外线，比红光波长还长的光叫红外线。由于人眼对红外线并没有感觉，因此并不能直接观察到红外线。在我们日常使用的家电中，如电视机、空调器等，都在广泛地使用红外线遥控器，它就是以红外线为载体来实现调制信号的传送。

红外发射二极管，可以把振荡器产生的电脉冲信号转换为红外辐射的脉冲，有点类似前面介绍的发光二极管，只不过它的输出在肉眼可见光之外，进入红外光线范围。

图3-3-8是红外发射二极管电路原理图符号，用两个指向外的箭头表示其是发射管，用字母VD来表示。我们实验所使用的红外发射二极管实物见图3-3-9，它的直径为ϕ5mm，属于小功率发射管，长引脚是正极。一般工作在正向偏置状态下，工作电流要控制在20mA以下，回路中一般要串接限流电阻使用。图3-3-10是红外发射管在本书装配图中的样式。

4.红外接收二极管

红外接收二极管也是一种光敏二极管，它具有的频谱响应可以与红外发射二极管输出波长相适应，广泛应用在遥控接收系统上。在电路中红外接收二极管要工作在反向偏置状态下，才能获得较高的灵敏度。在没有接收到信号时，红外接收二极管处于截止状态。当收到红外线信号时，它内部的PN结受到光子的轰击，在反向电压的作用下，反向饱和漏电流大幅增加，从而形成了光电流，该光电流随入射的红外线光强的变化而变化。光电流在通过负载电阻时，在电阻两端形成随入射红外线光强变化而变化的电压信号，最终完成了光-电的转化。

红外接收二极管电路原理图符号见图3-3-11，用两个指向内的箭头表示其是接收管，也是用字母VD来表示。我们实验所使用的红外接收二极管实物见图3-3-12，它的长引脚是正极，直径为ϕ5mm，外观颜色多为深色，可减小外界其他光线的干扰。图3-3-13是红外接收管在本书装配图中的样式。

图3-3-8
红外发射二极管电路原理图符号

图3-3-9
本书实验所使用的红外发射二极管实物外观图

VD
红外发射

图3-3-10
红外发射管在本书装配图中样式

图3-3-11
红外接收二极管电路原理图符号

图3-3-12
本书实验所使用的红外接收二极管实物图

VD
红外接收

图3-3-13
红外接收管在本书装配图中样式

第四节

三极管

本书的实验仅涉及9012（PNP）、9013（NPN）两种型号的三极管，也是常见的小功率三极管。电路原理图符号分别见图3-4-1和图3-4-2，字母VT来表示。从图中可以看出，发射极（E）标有小箭头，指示出发射极电流的方向，用于区别NPN和PNP型三极管。NPN型三极管发射极箭头指向外部，PNP型三极管发射极箭头指向内部。

图3-4-1　PNP型三极管电路原理图符号　　　　图3-4-2　NPN型三极管电路原理图符号

9012或9013三极管引脚排列见图3-4-3，也就是将三极管印有型号的平面朝向自己，从左至右，引脚分别是E、B、C，即中间引脚是B极。

在管身上印有前缀字母"C""S"等，后缀字母一般用于表示放大倍数，常见的有"C""H"等，每个具体型号后缀字母均对应一个放大倍数范围。即使相同后缀字母，但不同型号的管子，对应的放大倍数范围也不同，需查阅相关资料确定。我们这里一般选用后缀"H"的，就能满足需要。在本书的实验里，三极管主要用于驱动电路和放大电路。

9012和9013三极管实物外观图见图3-4-4，图3-4-5是该三极管在本书装配图中的样式。

图3-4-3
9012和9013小功率
三极管引脚排列示意图

图3-4-4
9012和9013三极管实物外观图

图3-4-5
9012和9013三极管在本书装配图中样式

第五节

数码管

数码管的种类非常多，字体显示颜色多样，尺寸大小不一，位数从1位到多位，还有很多产品使用了定制的数码管。这里我们实验中用到的是1位0.56in(1in=2.54cm)共阴数码管。数码管里是由多只LED构成的，内部电路接线示意图如图3-5-1所示，这里采用红色的发光二极管代表数码管显示颜色为红色，实物外观见图3-5-2。

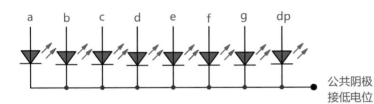

图3-5-1
一位共阴数码管内部接线
示意图

图3-5-2
1位0.56in共阴数码
管实物外观图

共阴一般是指数码管内部的LED为公共阴极，它需要接低电位。共阳是指数码管内部的LED为公共阳极，它需要接高电位。具体使用哪种极性的数码管，要依据所使用的驱动集成电路特性来决定，本书中，驱动数码管的集成电路型号是4511和40110，它们都是驱动共阴数码管的，因此我们实验所用的数码管就是共阴的。图3-5-3是本书电路原理图所使用的一位共阴数码管图形符号，用字母SM表示。

关于数码管的尺寸，一般用其宽度来表示，单位是"英寸(in)"，常简称"寸"。我们实验中所用的数码管就是0.56in的，适合插接在面包板上。

图3-5-4是一位数码管在本书装配图中的样式，a~g代表7段笔画，dp表示小数点。从图中可以看出，其第3脚和第8脚均

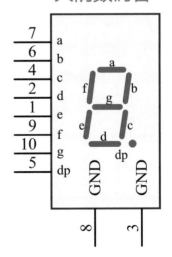

图3-5-3
本书电路原理图所使用的一位共阴数码
管图形符号

为公共阴极，在实际应用中，每段笔画应接限流电阻，通过的电流控制在5mA左右为宜，亮度均匀、适中。在本书中，使用40110集成电路驱动的数码管，已经集成在一块适配板中，无需再单独接线，详见第二章第五节的介绍。使用4511集成电路驱动的数码管，需要用户自己接线，为了简化接线，采用了在公共阴极端接一只限流电阻的方式，而不是在每段笔画上接限流电阻，这样连线简化很多，但缺点是显示不同数字时，数码管亮度不一致，例如显示数字1时，只有b、c段点亮，这时数码管亮度高一些，而显示数字8时，

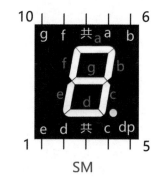

图3-5-4
一位数码管在本书中装配图中样式

a~g7段笔画均点亮，则此时数码管亮度就偏低一些，显示其他数字时亮度也会随笔画点亮多少而发生变化。不过这些对于我们做面包板实验来讲，影响不大。

第六节

扬声器

扬声器俗称为喇叭，也是电器设备中常见的器件。扬声器的种类很多，价格区别悬殊，其电路图形符号见图3-6-1，用字母BP来表示。

扬声器有两个接线引脚，本书实验所使用的是小功率的扬声器，可不区分极性。圆形的，直径ϕ40mm，阻抗8Ω，功率0.5W的扬声器就可以满足本书实验的需要。阻抗和功率一般都在扬声器的背面上有所标注。本书实验所用到的扬声器实物外观见图3-6-2。使用时，在小印板预留空白处焊接两根带杜邦针的引线，与驱动电路相接。焊好引线的扬声器见图3-6-3，可以方便地插接在面包板上，并且在引线的根部涂有保护胶，可有效防止引线因受外力牵拉而折断。

扬声器的检测比较简单，使用数字万用表200Ω电阻挡测量扬声器引线两端，

图3-6-1
扬声器电路图形符号

图3-6-2
扬声器实物外观图

引线根部涂胶

图3-6-3
焊好杜邦针引线的扬声器

阻值为8~10Ω（因为存在表笔接触电阻测量误差，测量值稍大约8Ω也是正常的），即表示扬声器完好。如果测量值为无穷大，则表明扬声器内部线圈断线，扬声器已损坏。

图3-6-4
本书装配图中扬声器
样式

实验表明，只要正常接线，扬声器本身一般不易损坏，如果实验电路中出现扬声器不响的问题，只要用万用表测一下就能立即判断好坏。而这类故障，大多数都是电路装配问题，而非扬声器自身问题。

图3-6-4是在本书装配图中扬声器的样式。

第七节

驻极话筒

驻极话筒是一种将声音信号转换成电信号的器件，起到拾音的作用。驻极话筒具有体积小、灵敏度高、价格低廉等优点，在电话座机、手机、电脑话筒、录音笔等设备中得到广泛使用。电路图形符号见图3-7-1，用字母MIC表示。实物外观见图3-7-2。

驻极话筒一般为圆柱形状，正面贴有圆形黑色纤维布，用于防尘。多数驻极话筒刚买来时是没有引脚的，仅在背面有两个焊点。通过观察可以看出，右边那个焊点通过铜箔走线与金属外壳相接，这个焊点就是驻极话筒的负极，一般接电源负极或者接地，另一引脚就是正极，用于输出音频电信号。

驻极话筒在使用时必须另加一只偏置电阻才能工作，阻值一般可在1k~10kΩ之间选取。我们实验使用的是直径ϕ10mm，厚度为6.5mm的驻极话筒。为便于安装在面包板上，应在驻极话筒背面焊点上焊接引脚（本书配套组件提供的驻极话筒已经焊好引脚，可以直接插接在面包板上使用），见图3-7-3。图3-7-4是在本书装配图中驻极话筒的样式。

图3-7-1
驻极话筒电路原理图
符号

图3-7-2
驻极话筒实物
外观图

图3-7-3
驻极话筒焊接引脚
示意图

图3-7-4
在本书装配图中驻极
话筒样式

第八节

继电器

继电器是自动控制电路中的一种常用器件，种类、规格非常多，常见的是电磁继电器。其内部有电磁线圈，中间有电磁铁作为铁芯。当线圈通电以后，电磁铁的铁芯被磁化，产生一定的电磁吸力，吸动衔铁，衔铁带动常开触点吸合，或常闭触点断开，从而控制负载电器设备工作或停止。当线圈失电后，电磁吸合力消失，衔铁恢复初始状态，常开触点断开，常闭触点闭合。实际使用时只要将被控设备的电路连接在继电器相应的触点开关上，就能实现通过继电器来控制设备开关的目的。

继电器的线圈有交流、直流之分，我们实验所使用的继电器是直流的，属于超小型继电器，在本书中所使用的电路图形符号见图3-8-1，用字母K来表示，实物外观见图3-8-2，继电器的型号为4100，线圈额定电压是5V。在继电器上面还印有"3A 250VAC/3A30VDC"等字样，这是表明，该继电器触点所能承受的最大电流，也就是在交流250V时，或者直流30V时，触点所能承受的最大电流为3A。使用时均不能超过额定电流，还应留有余量，否则可能导致触点烧蚀，出现粘连等现象，会直接导致被控设备失控。如果被控设备工作电流较大，则应换用触点额定电流更大的继电器。

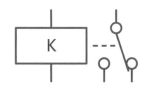

图3-8-1
本书中继电器电路原理图符号

图3-8-2
4100继电器实物外观图

这款继电器的线圈额定电压为直流5V，我们实验所用的电源为4节5号电池，额定电压为直流6V，虽然高出1V，但由于继电器都由三极管来驱动，而三极管本身还有Vce压降，大约为0.3V，因此加载在继电器线圈上的电压仅比额定电压略高一点，因此也是可以安全使用的。

在后面的实验电路中，我们可以看到，继电器在实际使用时经常采用如图3-8-3所示的电路，继电器线圈两端接有1只二极管VD，这只二极管一般称为续流二极管，它的作用是保护驱动继电器的三极管。在继电器线圈刚通电时，线圈上电压是"上正下负"，此时续流二极管处于反偏状态

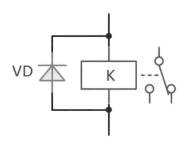

图3-8-3
继电器续流二极管应用示意图

而不起作用。当继电器线圈失电时，线圈两端要产生反向电动势，其极性是"下正上负"，该电动势瞬间比较大，假如没有续流二极管，该电动势只能通过驱动三极管来释放，容易导致三极管击穿损坏。当加入这只续流二极管后，反向电动势的能量可以通过二极管迅速释放。从而达到保护驱动三极管的目的。这种接法在很多继电器实际的电路中都有应用。

图3-8-4是4100型继电器的内部连接关系的俯视图，也是在本书装配图中的样式。第2脚和第5脚之间是线圈端，接5V直流电，继电器就能吸合。用万用表电阻挡可以测量出线圈阻值，不同生产厂家及不同批次产品其阻值会有一定的区别，为130Ω左右。第3脚和第4脚是内部相连接的公共端，用万用表通断挡测量这两脚电阻值显示为0。第1脚和第3脚（或第4脚）之间是常闭触点，在未接通线圈电源时，这两脚的电阻值为0，第6脚和第3脚（或第4脚）之间是常开触点，这两点间的电阻值为无穷大。在接通线圈电源，继电器吸合后，第1脚和第3脚（或第4脚）间电阻为无穷大，第6脚和第3脚（或第4脚）间电阻为0。

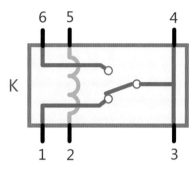

图3-8-4
4100型继电器内部连接示意图

市售的继电器品牌、规格众多，我们这里介绍的4100继电器也有很多厂家生产，型号标注也不一定都是4100，也有标注其他型号的，只要外观尺寸和线圈电压一致，就能满足我们实验的需要。

第九节
开关

机械开关是电路中常用的器件，品种规格众多。本书实验仅涉及两种小开关，一种是微动开关，一种是拨动开关。

图3-9-1是微动开关在本书原理图中使用的符号，用字母S来表示。图3-9-2是微动开关实物外观图。它外形尺寸是5mm×5mm，有2个引脚，中间是键帽，键帽高低也分很多种，适用于不同高度场合的需要。图3-9-2中显示的键帽是2mm高的。所谓的微动，也就是按键的键程比较短，按下键帽就能感觉到"咯噔"一下，表明开关内部已接通，松手即断开。

S

图3-9-1
本书中微动开关电路原理图符号

微动开关的检测也很简单，用万用表通断挡，两个表笔分别接两个引脚，按动键帽，万用表阻值显示趋于0并有蜂鸣声（需万用表具有蜂鸣功能）即表示正常。图3-9-3是微动开关在本书装配图中的样式。

图3-9-2
微动开关实物
外观图

微动开关 2脚

图3-9-3
微动开关在本书装配
图中样式

图3-9-4是本书中拨动开关电路原理图符号，图3-9-5是本书使用的拨动开关实物外观图。在图3-9-4中，左边的图是单一开关，仅使用2个引脚，即单刀单掷，对应在图3-9-5实物中仅使用了第1和第2引脚，第3引脚未使用。图3-9-4中右边的图是个切换开关，使用了3个引脚，即单刀双掷，对应在图3-9-5实物中，中间的第2脚是公共端，当黑色拨杆推向左边时，第1脚和第2脚接通，第2脚和第3脚断开；当黑色拨杆推向右边时，第2脚和第3脚接通，第1脚和第2脚断开。图3-9-6是拨动开关在本书装配图中的样式。

图3-9-4
本书中拨动开关电路原理图符号

此类拨动开关在市场上销售的规格、品种也是非常多的，仅拨杆长度就细分为很多种。我们的实验要求不严，只要引脚间距是2.54mm就可以。

1位拨动开关

图3-9-5
本书使用的拨动开关
实物外观图

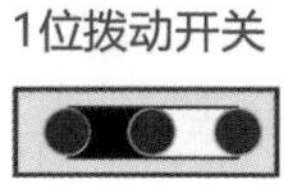

图3-9-6
拨动开关在本书装配
图中样式

拨动开关的检测可用万用表通断挡测量，黑色拨杆推向左边时，第1脚和第2脚间电阻为0，第2脚与第3脚间电阻为无穷大。然后将黑色拨杆推向右侧，此时第1脚和第2脚间电阻为无穷大，第2脚与第3脚间电阻为0。

第十节
电源和电池盒

本书实验所需电源为6V直流电源。电源在本书电路原理图中的符号有两种，分别见图3-10-1和图3-10-2。在本书的电路原理图中，电源正极多采用┳符号，而且一个原理图中还会出现多个这样的符号，它表示这些地方都与6V电源的正极相接。而电源负极，也是接地端，采用⊥符号，见图3-10-3，它表示这些地方都与6V电源的负极相接。如果电路中，除了数字集成电路外，没有其他元件与电源负极相接，则会省略⊥符号，如例2中的图4-2-2所示。上述这种电源画法，这也是常见的表示方法，在很多图书和资料中，都有这样的画法，特别是在需要多点连接电源时，可以简化电路图的连线，使图纸更加简洁美观。

图3-10-1
电路原理图中电池符号

图3-10-2
电路原理图电源标注法的符号

图3-10-3
电路接地符号

在后面有的实例中，如例3的图4-3-2中，电源还采用了 $^{BT}_{6V}$ 的画法，代表的是多节电池串联组成的电源，上正下负，用字母BT表示，也是表示电路使用直流6V电源。

在本书中上述两种画法所代表的电源是一样的，均为6V直流电源，从安全、方便、经济的角度看，电路实验使用4节5号电池盒作为电源是比较合适的，其实物外观见图3-10-4。电视盒引线带有杜邦针，可以方便地插接在面包板上，红线是正极，黑线是负极，用户只需自备4节5号电池即可使用。

图3-10-4　4节5号电池盒实物外观图

市场上的4节5号电池盒，其内部有的是按照1、2、3、4的顺序排列电池，而有的是按照1、4、3、2的顺序排列电池，如图3-10-4的标注所示。这主要是出于外接引线引出方便而设计的，对实验没有什么影响，只需了解即可。

　　需要注意的是安装电池时要与电池盒内的正极片和负极弹簧可靠接触，实验中经常会出现电池正极没有与正极片相接触，而是留有一点缝隙，导致电池盒内部断路，电池盒无输出，从而电路无电不工作。初学用户在遇到问题时一定要仔细检查，用万用表测量核对，不要先怀疑电路元件和电路设计有问题，而忽略电路可能压根就没有通电。

　　使用普通电池做电源，电源最为干净，不存在杂波干扰，且输出功率有限，不会轻易烧坏器件，因此特别建议使用普通电池作为本书实验的电源。如果需要使用外接电源，也要使用相应电压输出的直流稳压电源，最好是实验专用电源，不要使用非稳压电源和廉价的开关电源，以及手机充电适配器等，那样将给实验电路带来较大干扰，从而可能引发电路工作异常，导致实验不成功。

面包板电子制作
——数字电路制作**30**例

第二篇

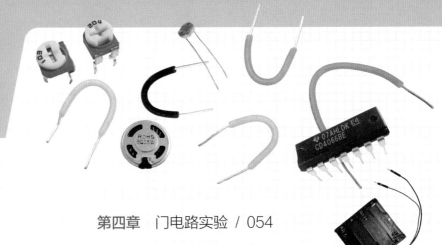

第四章
门电路实验

例1 LED闪烁灯

制作难度：★ 简单

原理简介：

  这是一款用门电路组成的低频多谐振荡器，它将输出的脉冲加以放大，用来驱动一只发光二极管，可以组成一个LED闪烁灯电路，电路方框图见图4-1-1，电路原理图见图4-1-2。

图4-1-1　LED闪烁灯 电路方框图

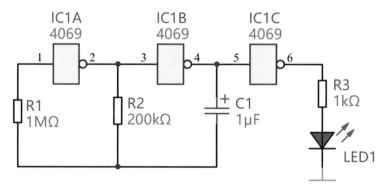

图4-1-2　LED闪烁灯 电路原理图

  该电路由一只六反相器4069组成，用其中的两个反相器IC1A、IC1B和C1、R1等组成一个多谐振荡器。电路的振荡是通过电容C1的充放电过程来完成，当电源接通时，假设IC1A的输入端为低电平，那么它的输出端为高电平，则IC1B的输出端为低电平，再经过IC1C缓冲整形并反相后，IC1C输出为高电平，此时LED1点亮。这个时刻就是电路的一个暂时状态。由于此时IC1A的输出端是高电平，则电流通过R1向C1充电，并流回IC1B的输出端。随着充电过程的持续，IC1A的输入端电压逐渐升高，当达到门电路的翻转电压时，IC1A输出端变为低电平，IC1B输出端为高电平，再经IC1C反相后变为低电平，此时LED1熄灭，这个时刻就是电路的另一个暂时状态。从这时开始，C1通过R1放电，IC1A的输入端电压逐渐降低，当达到门电路的翻转电压时，IC1A输出端再次变为高电平，IC1B输出端变为低电平，再经IC1C反相后变为高电平，此时LED1再次点亮，完成一次振荡过程，接下来，电路将重复上述过程，实现LED1的闪烁。

在这个多谐振荡电路中，振荡频率主要由电阻R2和电容C1决定，电阻R1的作用是使振荡器工作更稳定，一般R1的阻值大于R2，通常可在R2的3～10倍范围内选择R1。对振荡器性能要求不高的电路，电阻R1可以省略不用，直接短接。

振荡周期可按公式：$T=2.2R_2C_1$来计算，振荡频率$f=1/T$。本电路中，$R_2=200\text{k}\Omega$，$C_1=1\mu\text{F}$，$T=2.2\times200000\times0.000001=0.44\text{s}$，$f=1/T=2.3\text{Hz}$。

由于LED1的发光时间约占整个脉冲周期的1 / 2，所以电路耗电很小，点亮时耗电电流仅6mA左右，故此闪烁电路可安装在某些需要引起注意的电气设备或仪器上，起到警示作用。

装调提示：

电路装配图见图4-1-3。从图中可以看到，4069空余的反门输入端接到了电源正极，不要悬空，避免其输入端高、低电平的不确定性，造成输出端的不确定，从而形成干扰，影响电路的整体正常工作。表4-1-1是所需元件清单及安装参考坐标。

特别说明

在原理图中，并没有绘制电源，但不等于不需要电源，而是省略的画法。由于我们所采用的CMOS4000系列数字集成电路都是左上角的引脚接电源正极，右下角的引脚接电源负极，电源均为直流+6V，因此在电路原理图中，对于CMOS4000集成电路均不再单独绘制电源端。从图4-1-3的电路装配图中可以看出，本电路中4069的左上角的引脚也就是第14脚，接在电源正极，右下角的引脚也就是第7脚接电源负极。在本书后面的实验电路图中均采用了这种省略画法。对于非CMOS4000系列的集成电路，以及其他元件，需要连接电源的地方，依然正常绘制电源端。

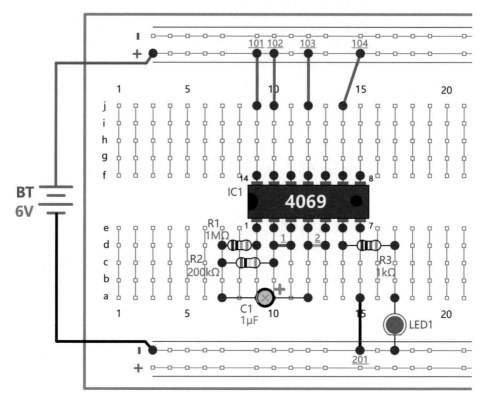

图4-1-3　LED闪烁灯 电路装配图

表4-1-1　元件清单及安装参考坐标

元件名称	编号	参数或规格	参考坐标	完成情况
集成电路	IC1	4069	9e,…,9f	
电阻	R1	1MΩ	7d,9d	
	R2	200kΩ	7c,10c	
	R3	1kΩ	14d,17d	
电解电容	C1	1μF	7a,12a	
发光二极管	LED1	φ5mm 红色	17a,17-	
导线（+）	101	红色	9+,9j	
	102		10+,10j	
	103		12+,12j	
	104		15+,14j	
导线（-）	201	黑色	15a,15-	

元件名称	编号	参数或规格	参考坐标	完成情况
其他导线	1	随机颜色	10d,11d	
	2		12d,13d	
电源	BT 6V	红+ 黑−	3+,3−	

例2 交替闪烁信号灯

扫码看视频

制作难度：★★ 比较简单

原理简介：

这是一个自激多谐振荡电路，其产生的振荡波形占空比为1：1，输出波形为方波，故被称为对称方波振荡器。电路方框图见图4-2-1，电路原理图见图4-2-2。

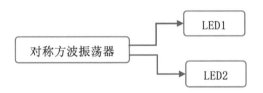

图4-2-1 交替闪烁信号灯 电路方框图

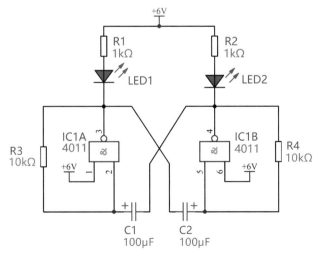

图4-2-2 交替闪烁信号灯 电路原理图

在电路中，IC1A 的输出端（第3脚）经过定时电容 C2 耦合到 IC1B 的输入端（第5脚），同样 IC1B 的输出端（第4脚）经过电容 C1 耦合到 IC1A 的输入端（第2脚）。IC1A 和 IC1B 虽然是与非门，但由于第1脚和第6脚均接在高电平上，因此可以等效为非门，因此本电路如果使用 4069 非门芯片也能达到同样效果。

我们假设通电瞬间，IC1B 的输出端（第4脚）为高电平，那么 LED2 熄灭，电容 C1 两端电压不能突变，因此 IC1A 的输入端（第2脚）也为高电平，则 IC1A 的输出端（第3脚）为低电平，此时 LED1 点亮。由于 R3 与 C1 串联，随着 C1 被充电，经过一段时间后，IC1A 的输入端（第2脚）电压逐渐降低，达到阈值电压（约 1/3 电源电压）时，与非门的 IC1A 翻转，输出端（第3脚）变为高电平，LED1 熄灭，同时电容 C2 两端电压不能突变，因此该高电平通过 C2 加到 IC1B 的输入端（第5脚），此时与非门的 IC1B 的两个输入端均为高电平，则输出端（第4脚）变为低电平，LED2 点亮，C2 开始通过 R4 充电，IC1B 的输入端（第5脚）电压逐渐降低，达到阈值电压时，IC1B 翻转，输出端（第4脚）为高电平，LED2 再次熄灭，完成一次循环。接下来电路按照上述步骤，不断翻转，LED1 和 LED2 分别点亮和熄灭。两个与非门通过电容 C1、C2 互相耦合形成了正反馈闭环电路，两组定时电路 R3、C1 和 R4、C2 产生延时正反馈信号，去控制振荡器与非门周期性的开通和关闭。

在电路中，振荡频率主要取决于定时元件的参数，当 $R_3=R_4=R$，$C_1=C_2=C$ 时，则振荡频率的估算公式是：

$$f=\frac{1}{RC}$$

振荡电路的周期约为：

$$T=1/f=RC$$

参考本电路中的元件参数，R 为 10kΩ，C 为 100μF，则 $f=\dfrac{1}{10000\times0.0001}=1\text{Hz}$。$T=1/f=1/1=1\text{s}$。

🔧 装调提示：

定时电容 C1、C2 的取值范围较大，电容值越大，振荡频率越低。

本电路中的 4011 仅使用了两组与非门，另外两组未用到的与非门的输入端不要悬空，应接高电平或低电平。

电路装配图见图 4-2-3，表 4-2-1 是所需元件清单及安装参考坐标。

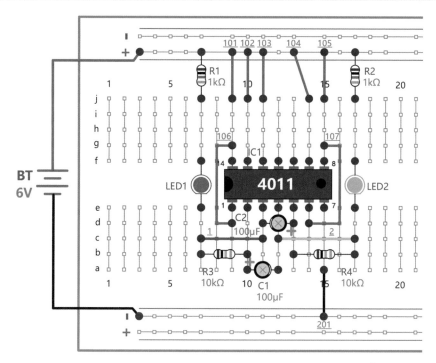

图 4-2-3　交替闪烁信号灯 电路装配图

表 4-2-1　元件清单及安装参考坐标

元件名称	编号	参数或规格	参考坐标	完成情况
集成电路	IC1	4011	9e,…,9f	
电阻	R1	1kΩ	7+,7j	
	R2	1kΩ	17+,17j	
	R3	10kΩ	7b,10b	
	R4	10kΩ	13b,17b	
电解电容	C1	100μF	10a,12a	
	C2	100μF	11d,13d	
发光二极管	LED1	φ5mm 红色	7f,7e	
发光二极管	LED2	φ5mm 绿色	17f,17e	
导线（+）	101	红色	9+,9j	
	102		10+,10j	
	103		11+,11j	
	104		13+,14j	
	105		15+,15j	
	106		9g,9d	
	107		15g,14d	

元件名称	编号	参数或规格	参考坐标	完成情况
导线（-）	201	黑色	15a,15-	
其他导线	1	随机颜色	7c,11c	
	2		12c,17c	
电源	BT 6V	红+ 黑-	3+,3-	

例3 声光双控延时开关

扫码看视频

制作难度：★★★ 中等

原理简介：

这里介绍的是一种声光双控延时灯，在白天或者光线较强的场合，即使有较大的声响，灯也不会点亮，在晚上或者光线较暗时，如有说话、拍手、脚步等声音，灯将自动点亮，经过一段时间后，灯自动熄灭。电路方框图如图4-3-1所示，电路原理图如图4-3-2所示。

图4-3-1 声、光双控延时开关 电路方框图

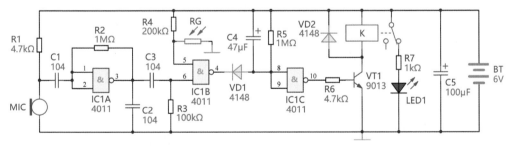

图4-3-2 声、光双控延时开关 电路原理图

本电路中，IC1A的两个输入端并联使用，相当于反相器，并且在输入端和输出端之间接有一个电阻R2，使得IC1A构成一个线性放大器。其基本原理是，反相器输入高电平则输出低电平，输入低电平则输出高电平。如果输入电压正好为电源电压的二分之一，也就是不高也不低，那么输出电压实际上有一个区间，称为状态转换区，在这个区间内，只要输入电压有很小的变化，就可以引起输出电压

产生较大的变化，即输出电压与输入电压之间呈线性放大的关系。

电阻R2的作用是用于直流负反馈，让电路在没有信号输入时，反相器的输入电压正好在线性放大区的中点。R2同时还有交流负反馈的功能，所以其阻值不能太小，一般不低于1MΩ左右。

IC1B的第5脚通过电阻R4和光敏电阻RG分压。如果在白天，光线照射到光敏电阻RG上，其阻值变得较小，IC1B的输入端第5脚为低电平，这样不论IC1B的另一个输入端第6脚是高电平还是低电平，其输出端第4脚都将保持为高电平，不受声音脉冲的控制。该高电平经VD1单向阻隔，在电阻R5的上拉作用下，IC1C的输入端第8、9脚为高电平，输出端第10脚为低电平，VT1截止，继电器K不吸合，发光二极管LED1熄灭。

在晚间，光线较暗，光敏电阻RG呈现较高的阻值，使IC1B的输入端第5脚变为高电平，IC1B的输出状态将受到第6脚的电平控制，这为声音通道的开通创造了条件。驻极话筒MIC拾取声音信号后，经过C1送到IC1A和R2组成的放大电路，放大后的信号经过C3送至IC1B的第6脚。IC1B的输出端第4脚将变为低电平，VD1导通，电解电容C4开始充电，因充电时间常数很小，C4很快就充满电，此时IC1C的第8、9脚变为低电平，输出端第10脚变为高电平，经过R6加载到VT1的基极，VT1导通，继电器K吸合，发光二极管LED1点亮。

这时即使声音消失，电容C4开始放电，继续维持IC1C的状态不变，三极管VT1依然处于导通状态，继电器保持吸合，LED1继续点亮。随着C4持续放电，当IC1C的输入端电压低于1/3电源电压时，IC1C翻转，其第10脚变为低电平，VT1截止，继电器K断开，LED1熄灭，完成一次声控过程。

VD2是起到续流作用的二极管，用于继电器线圈在失电瞬间将线圈内存储的电荷释放掉，防止这些电荷对驱动三极管造成冲击损坏。在后面的含有继电器电路中，线圈两端均并接有这只二极管。

🛩 装调提示：

在本电路中，电阻R4与光敏电阻RG串联分压，因此调整R4的阻值，可以调整电路的光控响应灵敏度。加大R4的阻值，则需要外界光线更暗时，电路才会响应。反之，减小R4的阻值，则外界光线有所减弱时电路就会响应。

调试时，可以先测试声控部分，即光敏电阻RG可以先不装，对着话筒说话或吹气，继电器K吸合，LED1点亮，延时一小会儿后，继电器K松开，LED1熄灭。则表示声控部分已工作正常。电路的延时时间长短，取决于电阻R5和电容C4的放电时间常数，电阻或电容取值越大，延时时间越长，反之则越短。在本例中为节约调试时间，电容C4的取值较小，通过增大C2的容量可以使延时时间变长。C5的作用是滤波和退耦，可减少电路中的干扰，让电路工作更加稳定。

电路装配图图见图4-3-3，表4-3-1是所需元件清单及安装参考坐标。

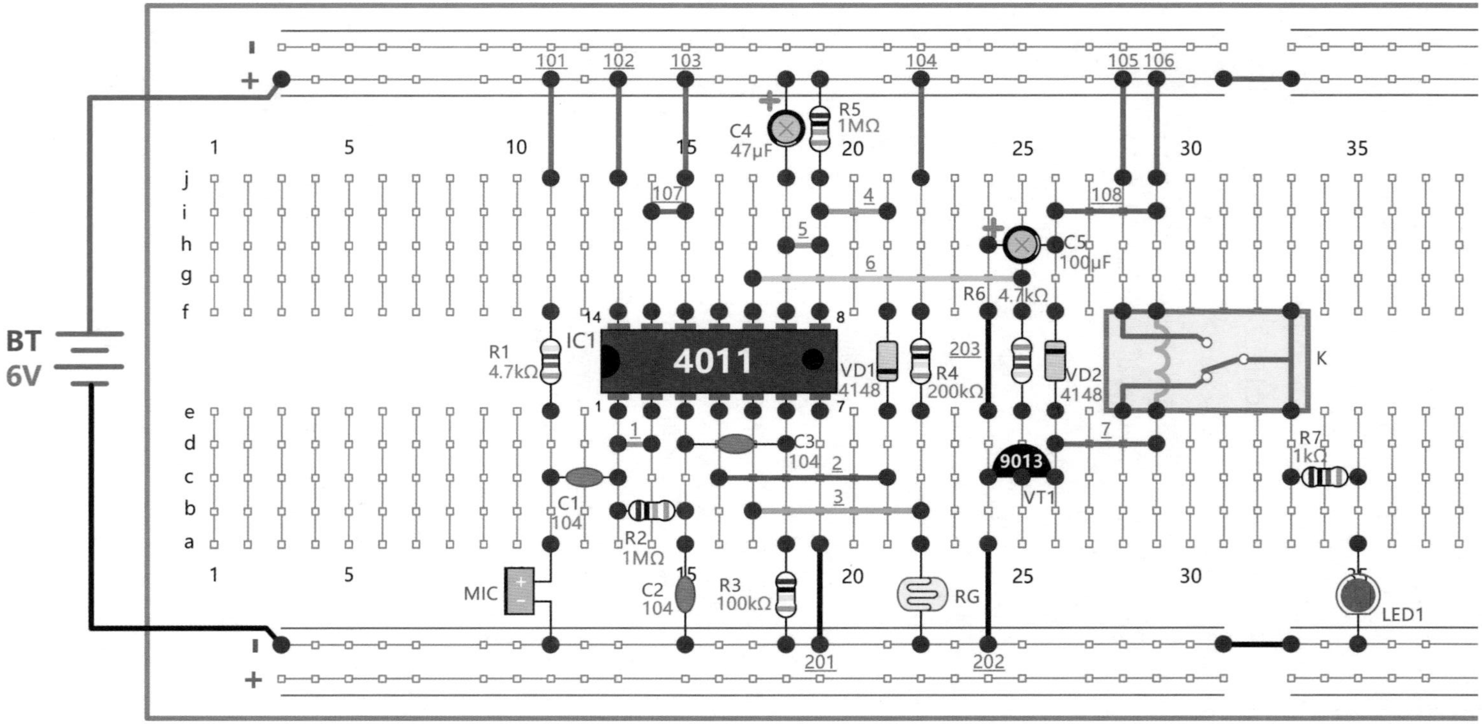

图4-3-3 声、光双控延时开关 电路装配图

表4-3-1 元件清单及安装参考坐标

元件名称	编号	参数或规格	参考坐标	完成情况
集成电路	IC1	4011	13e,…,13f	
电阻	R1	4.7kΩ	11f,11e	
	R2	1MΩ	13b,15b	
	R3	100kΩ	18a,18-	
	R4	200kΩ	22f,22e	
	R5	1MΩ	19+,19j	
	R6	4.7kΩ	25f,25e	
	R7	1kΩ	33c,35c	
光敏电阻	RG	-	22a,22-	
瓷片电容	C1	104(0.1μF)	11c,13c	
	C2	104(0.1μF)	15a,15-	
	C3	104(0.1μF)	15d,18d	
电解电容	C4	47μF	18+,18j	
	C5	100μF	24h,26h	
二极管	VD1	4148	21f,21e	
	VD2	4148	26f,26e	
三极管NPN	VT1	9013	24c,25c,26c	
发光二极管	LED1	φ5mm 红色	35a,35-	
助极话筒	MIC	φ10mm 带引脚	11a,11-	
继电器	K	型号4100，线圈电压5V	28e,…,28f	
导线（+）	101	红色	11+,11j	
	102		13+,13j	
	103		15+,15j	
	104		22+,22j	
	105		28+,28j	
	106		29+,29j	
	107		14i,15i	
	108		26i,29i	
导线（-）	201	黑色	19a,19-	
	202		24a,24-	

元件名称	编号	参数或规格	参考坐标	完成情况
导线（－）	203	黑色	24f,24e	
其他导线	1	随机颜色	13d,14d	
	2		16c,21c	
	3		17b,22b	
	4	同一颜色	19i,21i	
	5		18h,19h	
	6	随机颜色	17g,25g	
	7		26d,29d	
电源	BT 6V	红＋ 黑－	3+,3-	

例4 音乐水位报警器

扫码看视频

制作难度：★★ 比较简单

原理简介：

　　向杯子中倒水时，杯子会在水快满时奏响一曲音乐，这种功能很适合盲人使用，也可以单独作为水位报警器使用。电路方框图如图4-4-1所示。电路原理图见图4-4-2。

图4-4-1　音乐水位报警器 电路方框图

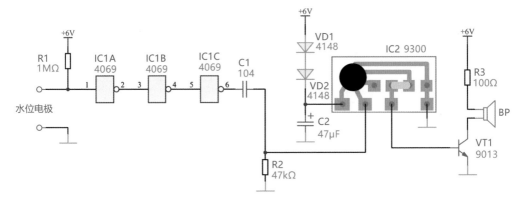

图4-4-2　音乐水位报警器 电路原理图

电路由水位检测电极、4069整形电路、触发电路和音乐发声电路组成。当杯中没有水或水没有达到水位电极所在位置时，电极的电阻很大，IC1A的输入端为高电平，IC1B整形电路输出端为高电平，则IC1C的输出端为低电平，在下拉电阻R2的作用下，IC2 9300的触发端处于低电平，未被触发，9300没有输出。当杯中的水面上升，到达水位电极所在位置时，由于水具有一定的导电能力，电极两端的电阻变小，IC1A输入端变为低电平，IC1C输出变为高电平，再通过电容C1向IC2 9300提供一个正向触发脉冲，9300芯片工作，奏出一曲音乐或发出叮咚声，并通过VT1驱动喇叭发声。当一曲音乐奏完后，即使水面仍保持在水位电极以上，IC1C持续输出高电平，但由于电容C1的隔直流作用，IC2 9300不会被持续触发，音乐停止。如果水面下降后再次升高到水位电极，则音乐会再次奏响一遍。

与前面的定时声光提醒器电路不同的是，本电路中IC2 9300音乐芯片是通过电容C1触发。这是因为在前面的提醒器电路中，需要声音一直响，直到引起人的注意，手动关上声音为止。而在本电路中，当水到了预定高度后，发声电路响一支曲子就可以了，不需要一直响下去。为了只给触发端一个瞬时脉冲信号，本机采用了微分电路，由电阻R2和电容C4串联组成，用来作为本机发声电路的触发信号之用。

装调提示：

水位电极在实验时可以用剥去头部外皮的两根导线代替，放置在杯口处，可用胶带固定。两个电极之间相距2厘米左右。向杯中倒水，当水达到水位电极的两个触点后，IC1A的输出端应为高电平，可用万用表直流电压挡测量该端电压，应接近电源电压。此时IC2 9300被触发，扬声器播放乐曲或叮咚声。如果IC1A输出端依然是低电平，则可能是水体自身电阻较大，可以尝试将电阻R1的阻值加大，例如再串联一只1MΩ的电阻。一般来说，水体越是纯净，其水体的电阻越大。水体所含矿物质及杂质越多，水体电阻越小。

电路装配图见图4-4-3，表4-4-1是所需的元件清单及安装参考坐标。

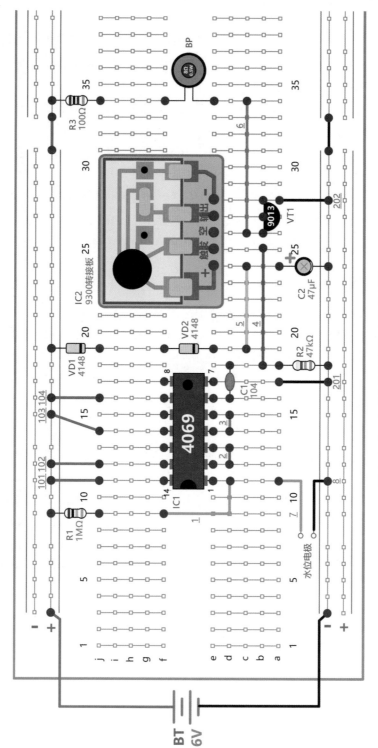

图4-4-3 音乐水位报警器 电路装配图

表4-4-1 元件清单及安装参考坐标

元件名称	编号	参数或规格	参考坐标	完成情况
集成电路	IC1	4069	11e,…,11f	
	IC2	9300转接板	24e,…,28e	
电阻	R1	1MΩ	7+,7j	
	R2	47kΩ	18a,18−	
	R3	100Ω	34+,34j	
瓷片电容	C1	104(0.1μF)	16d,18d	
电解电容	C2	47μF	24a,24−	
二极管	VD1	4148	19+,19j	
	VD2	4148	19f,19e	
三极管NPN	VT1	9013	26b,27b,28b	
扬声器	BP	8Ω	34f,34e	
导线（+）	101	红色	11+,11j	
	102		12+,12j	
	103		15+,14j	
	104		16+,16j	
导线（−）	201	黑色	17a,17−	
	202		28a,28−	
其他导线	1	随机颜色	9f,11d	
	2		12d,13d	
	3		14d,15d	
	4		18b,25b	
	5		19c,24c	
	6		26c,34c	
电极	7	随机颜色导线代	11a	
电极	8	黑色导线代	11−	
电源	BT 6V	红+ 黑−	3+,3−	

扫码看视频

制作难度：★★比较简单

原理简介：

　　这个定时声光提醒器使用起来非常方便，可以预定提醒时间。接通电源，定时器绿灯亮。拨动开关KS1，延时一段时间后，绿灯熄灭，红灯点亮，同时扬声器发出音乐声，提醒时间到。电路方框图见图4-5-1。电路原理图见图4-5-2。

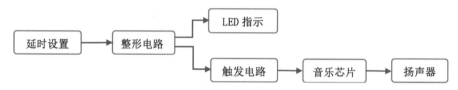

图4-5-1　定时声光提示器 电路方框图

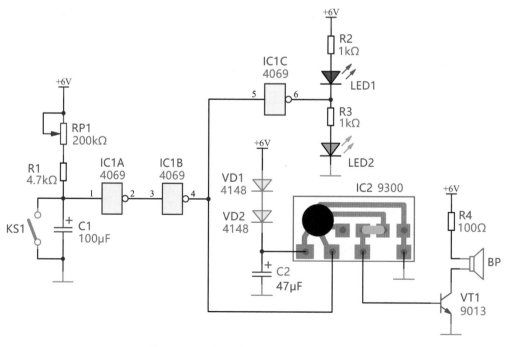

图4-5-2　定时声光提示器 电路原理图

电路由时间预定电路、整形电路、触发电路和音乐片发声器等组成。接通电源后，电源开始通过RP1和R1向电容器C1充电，C1上的电压由0V逐渐升高，IC1A的输入端的电位即由电容C1上的电压决定。在C1上的电压未升至电源电压的一半以前，对IC1A的输入端来说为低电位，所以IC1A的输出端为高电平，则IC1B的输出端为低电平，与其相连的IC2 9300的触发端也为低电平，9300不工作。同时IC1C的输出端为高电平。这时红色发光二极管LED1熄灭，而绿色发光二极管LED2被点亮。当C1电压升至电源电压的一半时，IC1A的输出端高电位变成输出低电平，IC1B的输出端变为高电平，IC2 9300的触发端变为高电平，9300开始工作，通过VT3驱动扬声器，演奏乐曲或发出叮咚声。IC1C的输出端则变为低电平，绿色发光二极管LED2熄灭，红色发光二极管LED1点亮。从而完成一次定时发声过程。由于IC1B是持续输出高电平，因此IC2 9300的触发端也是被持续触发，扬声器会持续发出乐曲声。当然，也有部分厂家生产的音乐芯片，即使触发端不间断地持续触发，也只演奏一次乐曲就会停止，需要触发端变为低电平后再变为高电平时才会再次演奏。这仅是不同厂家生产的产品特性不同而已。

由于电路使用了6V电源，而IC2 9300音乐芯片的最高工作电压为5V，因此，串联加装了两只二极管VD1、VD2，利用二极管的正向导通时的压降，来降低电源电压，每只二极管正向导通压降约0.7V，两只串联后可降低约1.4V电压，因此加载到IC2 9300音乐芯片上的电压不高于5V，能够确保芯片稳定工作。

装调提示：

为了确保每次定时时间趋于一致，在关机时，需闭合开关KS1，C1被短接，实现完全放电。开机时，接通电源，打开KS1，C1开始充电，这样每次开机时，电容都是从0伏电压开始充电的，因此每次定时时间几乎一样。因此有条件的话，KS1可以采用双联开关，一联用于电源控制，另一联用来短接C1。C1和RP1的取值，决定了定时时间长短。为了节省调试时间，这里C1的取值比较小，延时时间也比较短，如果需要更长延时时间，可将C1更换为更大容量的电容。

电路装配图见图4-5-3，表4-5-1是所需的元件清单及安装参考坐标。

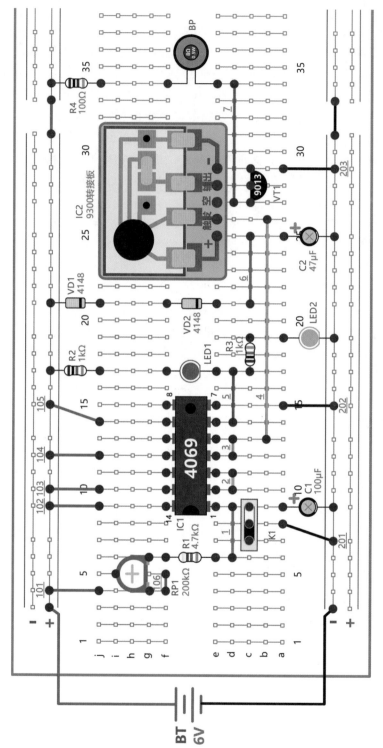

图 4-5-3 定时声光提示器 电路装配图

表4-5-1 元件清单及安装参考坐标

元件名称	编号	参数或规格	参考坐标	完成情况
集成电路	IC1	4069	9e,…,9f	
	IC2	9300转接板	25e,…,29e	
电阻	R1	4.7kΩ	6f,6e	
	R2	1kΩ	17+,17j	
	R3	1kΩ	17c,19c	
	R4	100Ω	34+,34j	
可变电阻	RP1	204(200kΩ)	4g,5i,6g	
电解电容	C1	100μF	9a,9-	
	C2	47μF	25a,25-	
发光二极管	LED1	φ5mm 红色	17f,17e	
	LED2	φ5mm 绿色	19a,19-	
二极管	VD1	4148	21+,21j	
	VD2	4148	21f,21e	
三极管NPN	VT1	9013	27c,28c,29c	
拨动开关	KS1	单刀双掷	7c,8c,9c	
扬声器	BP	8Ω	34f,34e	
导线（+）	101	红色	4+,4j	
	102		9+,9j	
	103		10+,10j	
	104		12+,12j	
	105		15+,14j	
	106		4f,5f	
导线（-）	201	黑色	8a,7-	
	202		15a,15-	
	203		29a,29-	
其他导线	1	随机颜色	6d,9d	
	2		10d,11d	
	3	同一颜色	12d,13d	
	4		13b,26b	

元件名称	编号	参数或规格	参考坐标	完成情况
其他导线	<u>5</u>	随机颜色	14d,17d	
	<u>6</u>		21c,25c	
	<u>7</u>		27d,34d	
电源	BT 6V	红+ 黑-	3+,3-	

例6 警笛声发生器

扫码看视频

制作难度：★★★ 中等

原理简介：

前面的实验中用门电路组成多谐振荡器，其中包括由反相器4069和与非门4011组成的多谐振荡器。它们的工作特性与使用方式虽然有所不同，但其工作原理是一样的，那就是利用接在电路中的电容充放电作用，使门电路时而导通，时而截止；时而向电容充电，时而又使电容放电。此过程的反复循环不断进行，电路就形成振荡输出脉冲。它可以驱动发光二极管间断点亮，也可以驱动扬声器可以发出声响。用一种频率的信号源可以使扬声器发出单一频率的声响；如果用几种频率的信号源混合后可以就发出多种不同的声响。根据这个原理，我们可以有目的地选用不同频率的信号源进行混合，以取得我们所需要的各种声响。这个例子是采用三个不同的信号源进行混合后，发出类似警笛声的电路。电路方框图如图4-6-1所示，电路原理图如图4-6-2所示。

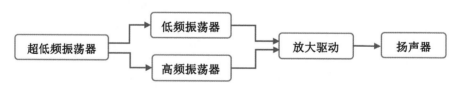

图4-6-1 警笛声发生器 电路方框图

从原理图中可以看出，电路由三个基本振荡器组成。其中，IC1A、IC1B与R1、R2、C1组成超低频振荡器，IC1C、IC1D与R3、R4、C2组成低频振荡器，IC1E、IC1F与R5、R6、C3组成高频振荡器。由IC1A、IC1B组成的超低频振荡器输出的脉冲，通过隔离二极管VD1、VD2去控制低频振荡器和高频振荡器轮流交替地工作，使扬声器BP发出"嘀…嘟…嘀…嘟…"交替出现的警笛声。

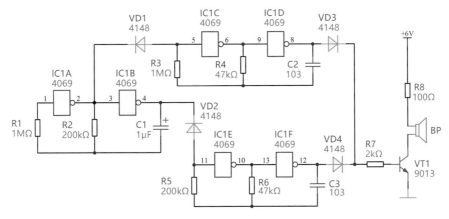

图4-6-2 警笛声发生器 电路原理图

装调提示:

由门电路组成的多谐振荡器,它们的振荡频率都与接在两个门之间的电阻和接在输出端的电容的数值有关。如果感到发出的警笛声音色不够理想,可以通过调整各振荡单元中的R、C的数值,使其达到理想要求。如改变R2、C1的参数值,可以改变高低音转换的速度;改变R4、C2的参数值,可以改变低音频率;改变R6、C3的参数值,可以改变高音频率。

电路装配图见图4-6-3,表4-6-1是元件清单及安装参考坐标。

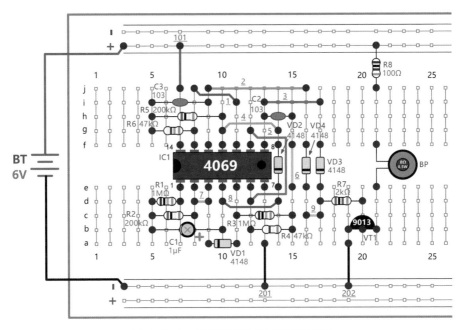

图4-6-3 警笛声发生器 电路装配图

表4-6-1　元件清单及安装参考坐标

元件名称	编号	参数或规格	参考坐标	完成情况
集成电路	IC1	4069	7e,…,7f	
电阻	R1	1MΩ	5d,7d	
	R2	200kΩ	5c,8c	
	R3	1MΩ	11c,15c	
	R4	47kΩ	12b,15b	
	R5	200kΩ	5h,10h	
	R6	47kΩ	5g,8g	
	R7	2kΩ	17d,20d	
	R8	100Ω	21+,21j	
电解电容	C1	1μF	5b,10b	
瓷片电容	C2	103（0.01μF）	13h,15h	
	C3	103（0.01μF）	5i,9i	
二极管	VD1	4148	9a,11a	
	VD2	4148	14f,14e	
	VD3	4148	17f,17e	
	VD4	4148	16f,16e	
三极管NPN	VT1	9013	19b,20b,21b	
扬声器	BP	8Ω	21f,21e	
导线（+）	101	红色	7+,7j	
导线（-）	201	黑色	13a,13-	
	202		19a,19-	
其他导线	1	随机颜色	8j,11i	
	2		9j,16j	
	3		13i,17i	
	4		10g,14g	
	5		12g,12d	
	6		15f,15e	
	7		8d,9d	
	8		10d,14d	

元件名称	编号	参数或规格	参考坐标	完成情况
其他导线	9	随机颜色	16c,17c	
电源	BT 6V	红+ 黑-	3+,3-	

例7 红外移动物体检测开关

扫码看视频

制作难度：★ ★ ★ ★ 较高

原理简介：

这是一款利用红外线检测物体移动的电路。电路方框图如图4-7-1所示，红外发射电路原理图如图4-7-2所示，红外接收电路原理图如图4-7-3所示。

图4-7-1 红外移动物体检测开关 电路方框图

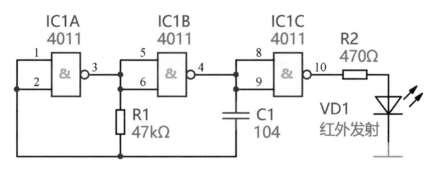

图4-7-2 红外移动物体检测开关 发射电路原理图

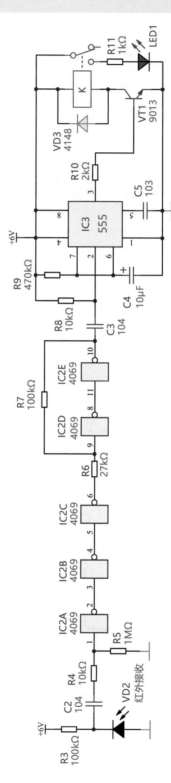

图4-7-3 红外移动物体检测开关 接收电路原理图

IC1A、IC1B、R1、C1等组成一个振荡信号发生器，振荡信号经过IC1C缓冲后，驱动VD1红外发射管向外发射信号。按照图4-7-2中的阻容参数，红外线信号的频率大致为100Hz。

在红外接收电路中，VD2用来接收红外振荡电路的信号，经过C2、R4送到由IC2A、IC2B、IC2C组成的整形、缓冲电路，再经过IC2D、IC2E，去触发单稳态电路。其中IC2D第9脚、输入端与IC2E第10脚输出端接有电阻R7，且相位相同，因此形成正反馈，使得振荡信号的波形边沿更加垂直，实现了波形整形的目的。

整形后的信号经过C3、R9送到由IC3及外围元件组成的单稳态触发器。平时IC3的第3脚为低电平，继电器K不工作，LED1呈熄灭状态。当IC3第2脚有负脉冲输入时，触发IC3翻转呈暂稳态，其输出端第3脚变为高电平，继电器K吸合，LED1点亮。与此同时，电源正极经R9向C4充电，当C4上的电压达到2/3电源电压时，IC3再次翻转，第3脚输出低电平，继电器K断开，LED1熄灭，C4上的电量通过IC3的第7脚释放，为下一次触发做准备。

🖅 装调提示：

红外发射管和接收管需要平行安装，如图4-7-4所示，测试时可以用一张纸板放在红外发射管和接收管的前面，这样发射管发出的红外信号经过纸板的反射后，可以被接收管收到。如果使用金属物体代替纸板，则感应距离会更远一些。

装配时注意，红外接收管是反向使用的，也就是说它是正极接地，新的红外接收管长引脚是正极，安装在面包板上时需要剪短引脚，因此建议剪之前在负极引脚做上标记，比如套上热缩管，或用记号笔在负极上涂一下，便于以后使用时区分极性。

测试环境应尽量避免太强的光线，尤其是太阳光，其本身就含有红外线成分，如果被红外接收管接收到，就可能导致后面的电路误动作。有条件的用户可以在红外接收管外圆上包上一圈黑色不透光的胶布，仅保留红外接收管正面露出，可有效避免外界光线的干扰。

在红外发射电路中采用了4011集成电路，这是因为本书配套销售的器件中各型号集成电路一般只配1只，由于红外接收电路中要用到4069，因此红外发射电路中选用了4011，用户如果手中有富裕的4069集成电路，也可以用4069代替4011，接线还能进一步简化。

类似这款电路的工作原理在很多实际场合都有使用，最常见的是干手器，当手放到出风口下面时，热风机自动开启，延时一小段时间后自动关闭。相当于本电路继电器的常开触点接了一个热风机。市面上也有很多一体化的红外检测模块，原理与本电路相似，并采用了一些屏蔽干扰信号的处理方式，可靠性、稳定性更好。

电路装配图见图 4-7-4 所示，表 4-7-1 是所需元件清单及安装参考坐标。

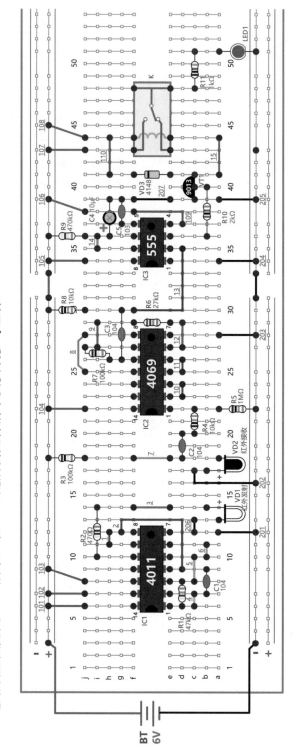

图 4-7-4 红外移动物体检测开关 电路装配图

表4-7-1 元件清单及安装参考坐标

元件名称	编号	参数或规格	参考坐标	完成情况
集成电路	IC1	4011	6e,…,6f	
	IC2	4069	22e,…,22f	
	IC3	555	34e,…,34f	
电阻	R1	47kΩ	6d,8d	
	R2	470Ω	10i,14i	
	R3	100kΩ	18+,18j	
	R4	10kΩ	20c,22c	
	R5	1MΩ	22a,22–	
	R6	27kΩ	29f,29e	
	R7	100kΩ	26h,27j	
	R8	10kΩ	30+,30j	
	R9	470kΩ	36+,36j	
	R10	2kΩ	36b,40b	
	R11	1kΩ	48c,51c	
瓷片电容	C1	104(0.1μF)	7b,9b	
	C2	104(0.1μF)	18d,20d	
	C3	104(0.1μF)	26g,30g	
	C5	103(0.01μF)	37g,39g	
电解电容	C4	10μF	36h,39h	
红外发射管	VD1	φ5mm	13a,14b	
红外接收管	VD2	φ5mm	17b,18a	
二极管	VD3	4148	41f,41e	
发光二极管	LED1	φ5mm 红色	51a,51–	
三极管NPN	VT1	9013	39c,40c,41c	
继电器	K	型号4100,线圈电压5V	43f,…,43e	

元件名称	编号	参数或规格	参考坐标	完成情况
导线（+）	101	红色	6+,6j	
	102		7+,7j	
	103		9+,8j	
	104		22+,22j	
	105		23+,23j	
	106		34+,34j	
	107		39+,38j	
	108		43+,43j	
	109		45+,44j	
	110		38f,37d	
	111		41h,44h	
导线（-）	201	黑色	12a,12-	
	202		17c,16-	
	203		28a,28-	
	204		34a,34-	
	205		39a,39-	
	206		12c,13c	
	207		39f,39e	
其他导线	1	同一颜色	11h,12h	
	2		12g,9d	
	3	随机颜色	14f,14e	
	4		6c,7c	
	5	同一颜色	8c,10c	
	6		10b,11b	
	7	随机颜色	18f,18e	
	8		25j,28j	
	9		27i,29i	

元件名称	编号	参数或规格	参考坐标	完成情况
其他导线	<u>10</u>	随机颜色	23d,24d	
	<u>11</u>		25d,26d	
	<u>12</u>		27d,29d	
	<u>13</u>		30f,35d	
	<u>14</u>		35i,36i	
	<u>15</u>		41a,44a	
电源	BT 6V	红+ 黑-	3+,3-	

第五章
触发器电路实验

例8 延时开关

扫码看视频

制作难度：★★ 比较简单

原理简介：

这是一个有一定实用价值的延时开关。电路方框图见图5-8-1，电路原理图见图5-8-2。

$$\boxed{\text{D 触发器}} \rightarrow \boxed{\text{驱动电路}} \rightarrow \boxed{\text{继电器}} \rightarrow \boxed{\text{LED}}$$

图5-8-1 延时开关 电路方框图

IC1A 4013 D触发器及外围元件组成定时开关，平时IC1A的Q1输出端为低电平，$\overline{Q}1$输出端为高电平，该高电平经R4加载到VT1的基极。由于VT1是PNP型三极管，因此VT1处于截止状态，继电器不动作，LED1熄灭。当按动一下开关SB1后，定时开始，IC1A的置位端S1为高电平"1"状态，触发器翻转，输出端Q1变为高电平，$\overline{Q}1$变为低电平，VT1导通，继电器K吸合，LED1开始点亮。此时VD1处于反偏而截止，C2通过RP1和R3充电，IC1A的复位端R1的电平按照指数规律上升，当上升到R1端的阈值电平时，D触发器立即翻转复位，Q1输出端变为低电平，$\overline{Q}1$输出端变为高电平，于是VT1截止，继电器K松开，LED1熄灭，定时结束。与此同时，C2经过VD1放电，为下次定时做准备。

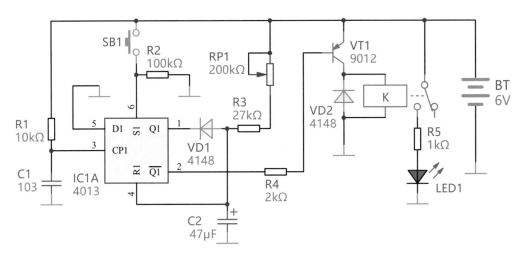

图5-8-2 延时开关 电路原理图

定时时间的长短取决于RP_1+R_3和C_2的乘积。取值越大，延时时间越长。

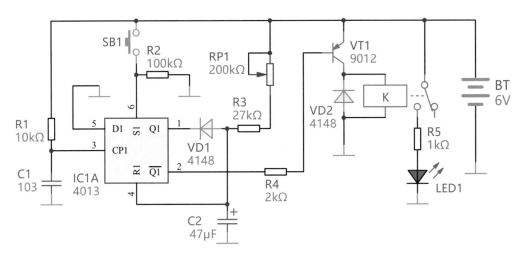 装调提示：

本电路的接法是实现了开关的延时断开，如果需要延时接通的工作方式可以通过改变三极管VT1的类型，将PNP型管换成NPN型管即可。也可以使用继电器的另一组常闭触点来控制负载，来实现延时接通的目的。在本例的视频演示中，为了节约时间，C2的取值均较小，因此延时时间较短。调整RP1后可以观察到，LED1点亮时间的长短发生改变。

电路中只使用了双D触发器4013中的一个，另一个D触发器的输入端不宜悬空，应接高电平或低电平，以避免状态不定而引发干扰。

电路装配图见图5-8-3，表5-8-1是所需元件清单及安装参考坐标。

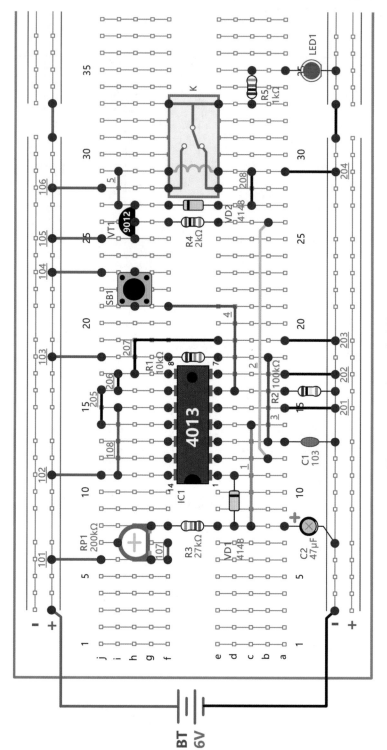

图5-8-3 延时开关 电路装配图

表5-8-1　元件清单及安装参考坐标

元件名称	编号	参数或规格	参考坐标	完成情况
集成电路	IC1	4013	11e,…,11f	
电阻	R1	10kΩ	18f,18e	
	R2	100kΩ	16a,16-	
	R3	27kΩ	8f,8e	
	R4	2kΩ	26f,26e	
	R5	1kΩ	33c,35c	
可变电阻	RP1	204(200kΩ)	6g,7i,8g	
瓷片电容	C1	103(0.01μF)	13a,13-	
电解电容	C2	47μF	8a,7-	
发光二极管	LED1	φ5mm 红色	35a,35-	
二极管	VD1	4148	8d,11d	
	VD2	4148	27f,27e	
三极管PNP	VT1	9012	25h,26h,27h	
微动开关	SB1	2引脚	21h,23h	
继电器	K	型号4100，线圈电压5V	28e,…,28f	
导线（+）	101	红色	6+,6j	
	102		11+,11j	
	103		18+,18j	
	104		23+,23j	
	105		25+,25j	
	106		28+,28j	
	107		6f,7f	
	108		11i,15i	
导线（-）	201	黑色	15a,15-	
	202		17a,17-	
	203		19a,19-	
	204		29a,29-	
	205		14j,16j	
	206		16i,17i	
	207		17h,19e	
	208		27c,29c	
其他导线	1	随机颜色	8c,14c	
	2		12b,26b	
	3		13b,18b	

元件名称	编号	参数或规格	参考坐标	完成情况
其他导线	4	随机颜色	16d,21f	
	5		27i,29i	
电源	BT 6V	红+ 黑-	3+,3-	

例9 触摸开关

制作难度：★★ 比较简单

扫码看视频

原理简介：

这是一个用4013组成的触摸开关电路，只要用手碰一下触摸端，开关即可接通，再碰一次开关断开。电路方框图见图5-9-1，电路原理图见图5-9-2。

图5-9-1 触摸开关 电路方框图

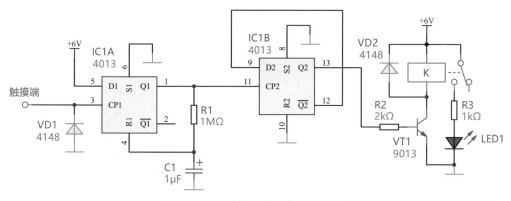

图5-9-2 触摸开关 电路原理图

由于CMOS电路的输入端均为场效应管结构，而场效应管是一种电压控制元件，它有极高的输入阻抗，约几十兆欧。它的输入端几乎不消耗电流，因此只要用手触摸，人体产生的微弱感应电压就可以被电路检测到。

在本电路中，IC1A与R1、C1组成单稳态触发器，用来执行延时和消除触摸时的干扰和抖动。触摸端第3脚所加的二极管VD1为输入端保护二极管，用来泄放积累的电荷和过高的反向电压。IC1B接成双稳态触发器形式，用来控制继电器K的接通与断开。

　　当用手触摸接在4013第3脚的触摸端时，人体的感应信号送入IC1A的CP1端，IC1A触发翻转，Q1端将由低电平转变为高电平，该高电平一路送入IC1B的CP2端，使IC1B触发翻转，Q2端输出高电平，并经过R2送入VT1的基极，驱动继电器K吸合，LED1点亮，表明开关已经接通。另一路通过电阻R1向电容C1充电，由于电容两端电压不能突变，此时IC1A的Q1高电平加至R1端，使得IC1A复位，Q1输出恢复为低电平，IC1B的CP2端也为低电平，等待下次触发。C1可使电路翻转可靠，消除干扰。

　　由于IC1B是双稳态触发器，当IC1A再次被触发时，CP2端将再次输入高电平信号，IC1B再次翻转，Q2端将变为低电平，继电器K断开，LED1熄灭。完成一次开、关转换过程。

装调提示：

　　触摸端可以用导线剥去绝缘层后的金属部分代替，直接用手触摸金属部分的线头即可。由于CMOS集成电路的输入阻抗很高，只需很少的感应电量就能实现触发，因此触摸电路一般都能正常动作。如果环境过于潮湿，导致人体感应电量太少，可能存在不能每次都可靠触发的情况。

　　电路装配图见图5-9-3，表5-9-1是元件清单及安装参考坐标。

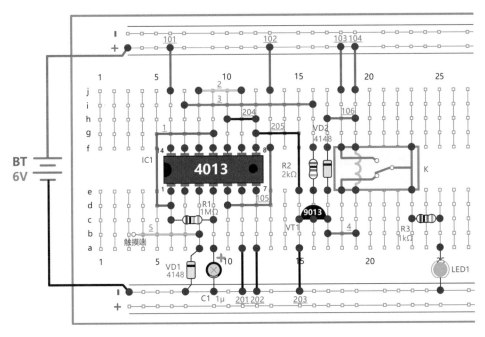

图5-9-3　触摸开关 电路装配图

表5-9-1 元件清单及安装参考坐标

元件名称	编号	参数或规格	参考坐标	完成情况
集成电路	IC1	4013	6e,…,6f	
电阻	R1	1MΩ	6c,9c	
	R2	2kΩ	16f,16e	
	R3	1kΩ	23c,25c	
电解电容	C1	1μF	9a,9-	
发光二极管	LED1	φ5mm 绿色	25a,25-	
二极管	VD1	4148	8a,7-	
	VD2	4148	17f,17e	
三极管NPN	VT1	9013	15c,16c,17c	
继电器	K	型号4100，线圈电压5V	18e,…,18f	
导线（+）	101	红色	6+,6j	
	102		13+,13j	
	103		18+,18j	
	104		19+,19j	
	105		13f,10d	
	106		17h,19h	
导线（-）	201	黑色	11a,11-	
	202		12a,12-	
	203		15a,15-	
	204		10h,12h	
	205		12g,15e	
其他导线	1	随机颜色	9g,6d	
	2		8j,11j	
	3		7i,16i	
	4		17b,19b	
触摸端（导线代）	5		8b	
电源	BT 6V	红+ 黑-	3+,3-	

第六章
计数器电路实验

例10 三闪信号灯

扫码看视频

制作难度：★★ 比较简单

原理简介：

这是在一个循环周期内可以使LED闪烁3次，且3次闪烁间隔不等的电路。电路方框图见图6-10-1，电路原理图见图6-10-2。

振荡信号发生器 → 缓冲反相 → 十进制计数器 → LED

图6-10-1 三闪信号灯 电路方框图

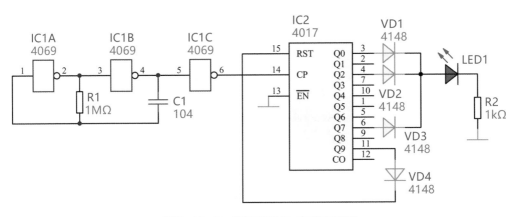

图6-10-2 三闪信号灯 电路原理图

图中，由IC1A、IC1B与C1、R1组成非门振荡器，其工作原理与例1相似。振荡信号经过IC1C反相、缓冲后，向计数器IC2 4017提供时钟脉冲，使它的输出端由Q0至Q9依次输出高电平。发光二极管LED1通过隔离二极管VD1、VD2、VD3

分别与输出端Q0、Q2、Q7相连，输出端Q9通过VD4与复位端RST相连。

接通电源后，IC2的Q0首先输出高电平，通过VD1使LED1发光。当第1个时钟脉冲输入后，Q1输出高电平，Q0恢复为低电平，LED1熄灭。当第2个时钟脉冲输入后，Q2输出高电平，LED1又被点亮。当第3～6个时钟脉冲输入时，LED1均熄灭不发光。当第7个脉冲输入后，Q7输出的高电平，通过VD3，再次点亮LED1，第8个脉冲输入后，Q7恢复为低电平，第9个脉冲输入后，Q9输出高电平，该高电平加至复位端RST，使计数器复位，Q0又输出高电平使LED1发光。其余输出端均为低电平。如此循环，就形成了"闪两次稍停顿一下再闪一次"这样循环的三闪发光状态。

🔧 装调提示：

在电路中，4017的输出端的选择还可以自行随意调整，VD1~VD4均可接在不同的Q输出端上，可以实现单闪、双闪，甚至多闪的效果，选择不同的输出端组合，LED1呈现的闪烁间隔也会不同。只要注意IC2 4017的各个输出端，在驱动同一个负载时，均需要通过二极管隔离后再与LED1相接，而不要直接将各输出端并联，以防止电路出现问题导致芯片受损。IC1 4069未用到的门，其输入端不要悬空，需要接高电平或低电平上。

电路装配图见图6-10-3，表6-10-1是所需元件清单及安装参考坐标。

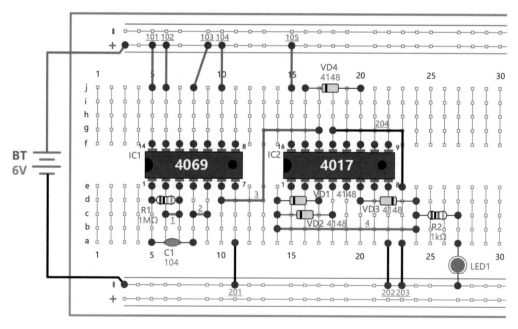

图6-10-3　三闪信号灯 电路装配图

表6-10-1　元件清单及安装参考坐标

元件名称	编号	参数或规格	参考坐标	完成情况
集成电路	IC1	4069	5e,5f	
	IC2	4017	15e,15f	
电阻	R1	1MΩ	5d,7d	
	R2	1kΩ	24c,27c	
瓷片电容	C1	104(0.1μF)	5a,8a	
发光二极管	LED1	φ5mm 红色	27a,27-	
二极管	VD1	4148	14d,17d	
	VD2	4148	14c,18c	
	VD3	4148	20d,24d	
	VD4	4148	16j,20j	
导线（+）	101	红色	5+,5j	
	102		6+,6j	
	103		9+,8j	
	104		10+,10j	
	105		15+,15j	
导线（-）	201	黑色	11a,11-	
	202		22a,22-	
	203		23a,23-	
	204		18g,23e	
其他导线	1	随机颜色	6c,7c	
	2		8c,9c	
	3		10d,17g	
	4		14b,24b	
电源	BT 6V	红+ 黑-	3+,3-	

例11 声控彩灯

制作难度：★★★ 中等

 原理简介：

扫码看视频

　　本电路是通过声音来控制LED的顺序点亮，电路方框图见图6-11-1，电路原理图见图6-11-2。

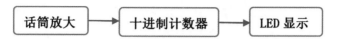

图6-11-1 声控彩灯 电路方框图

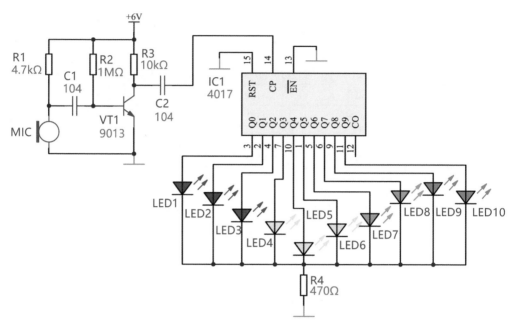

图6-11-2 声控彩灯 电路原理图

话筒MIC将收集到的声音信号，通过C1送到VT1的基极，经过VT1放大后，再经C2送到IC1的CP端，作为4017的脉冲输入信号，4017驱动LED1~LED10依次点亮。随着声音的变化，送入CP端的脉冲频率也有明显的不同，声音持续，则LED点亮的频率也高，有时呈现闪烁追逐，有时呈现几乎全部点亮的效果，但这只是人眼视觉暂留的错觉，实际上同一时间只有1只LED在点亮。

装调提示：

本电路的连接需要用到较长导线，用于连接各LED，需要仔细分辨，确保连接准确无误。驻极话筒的两个引脚要区分极性，与外壳相连接的一脚是负极。

电路装配图见图6-11-3，表6-11-1是元件清单及安装参考坐标。

为便于识别和安装，装配图中的导线编号1~10，优先安排给了LED1~LED10的驱动线。其他连接的导线编号，从第11号开始。

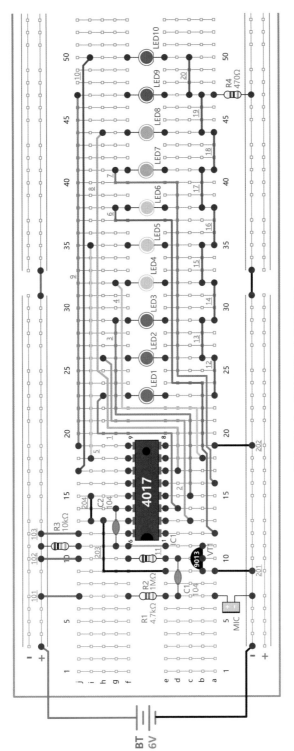

图6-11-3 声控彩灯 电路装配图

表6-11-1 元件清单及安装参考坐标

元件名称	编号	参数或规格	参考坐标	完成情况
集成电路	IC1	4017	12e,…,12f	
电阻	R1	4.7kΩ	7f,7e	
	R2	1MΩ	10f,10e	
	R3	10kΩ	11+,11j	
	R4	470Ω	47a,47−	
瓷片电容	C1	104（0.1μF）	7d,10d	
	C2	104（0.1μF）	11g,14g	
发光二极管	LED1	φ5mm，颜色随机	23f,23e	
	LED2		26f,26e	
	LED3		29f,29e	
	LED4		32f,32e	
	LED5		35f,35e	
	LED6		38f,38e	
	LED7		41f,41e	
	LED8		44f,44e	
	LED9		47f,47e	
	LED10		50f,50e	
三极管NPN	VT1	9013	9b,10b,11b	
驻极话筒	MIC	带引脚	7a,7−	
导线（+）	101	红色	7+,7j	
	102		10+,10j	
	103		12+,12j	
导线（−）	201	黑色	9a,9−	
	202		19a,19−	
	203		9e,13h	
	204		13i,15i	
其他导线	1	随机颜色	14d,23h	
	2		13c,26h	

元件名称	编号	参数或规格	参考坐标	完成情况
其他导线	3	随机颜色	15c,29g	
	4		18b,32g	
	5		18i,35i	
	6		12a,38g	
	7		16a,41g	
	8		17d,44h	
	9		19j,47j	
	10		17j,50i	
	11		11f,11e	
	12	同一颜色	23a,26a	
	13		26b,29b	
	14		29a,32a	
	15		32b,35b	
	16		35a,38a	
	17		38b,41b	
	18		41a,44a	
	19		44b,47b	
	20		47c,50c	
电源	BT 6V	红+ 黑-	3+,3-	

 幸运竞猜灯

扫码看视频

制作难度：★ ★ ★ ★ 比较高

 **原理简介：**

　　这是一个由数字电路构成的可以随机停止的十进制计数电路，其基本原理与前面介绍的电路类似，但呈现的效果又有所不同。在本例电路中，当按下SB1按

键后，10只LED依次快速点亮，松开SB1后，10只LED的点亮速度逐渐降低，最终停留在某一只LED上，以此来展现竞猜结果。电路方框图见图6-12-1，电路原理图见图6-12-2。

图6-12-1 幸运竞猜灯 电路方框图

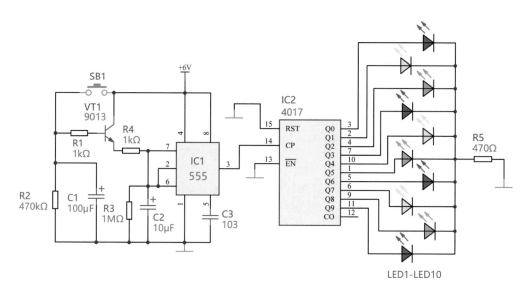

图6-12-2 幸运竞猜灯 电路原理图

IC1 555时基集成电路及其外围元件组成信号源，当SB1按下时，高电平通过SB1、R1加载到VT1的基极，VT1导通，IC1满足振荡条件，开始振荡，且初始振荡频率较高。其频率输出由第3脚加载到IC2的第14脚CP端，IC2开始计数，LED1~LED10依次点亮，且速度较快。在按下SB1的同时还向电容C1充电。松开SB1后，C1开始向VT1放电，以维持VT1的导通。随着C1放电，C1上的电荷逐渐减少，VT1的导通性能逐步降低，导致IC1的振荡频率逐步降低，接在IC2的10只LED点亮速度也逐渐降低。当C1上的电荷不足以使VT1导通时，VT1截止，IC1停止振荡，其第3脚停止输出脉冲信号，导致IC2的CP计数脉冲停止，IC2的输出将随机停留在某只LED上。需要再次启动时，只需再次按下按键SB1即可开启下一次的竞猜。

由于最终停留的LED是随机的，因此这个电路可以用于竞猜、抽奖等场合。

装调提示：

本电路连线稍多，需仔细分辨检查。对于跨距较大的导线，如果手头没有那么长的导线，可用两根导线分段连接，需注意不要产生干涉，不与其他电路连接发生冲突。调整 R2、C1 的参数值，可以调整延时时间，延时时间增长，反之可使延时时间缩短。

电路装配图见图6-12-3，表6-12-1是元件清单及安装参考坐标。

和例11一样，为便于识别和安装，装配图中的导线编号1~10，优先安排给了 LED1~LED10 的驱动线。其他连接的导线编号，从第11号开始。

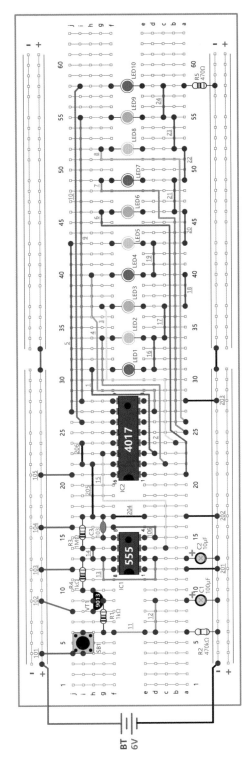

图6-12-3 幸运竞猜灯 电路装配图

表6-12-1 元件清单及安装参考坐标

元件名称	编号	参数或规格	参考坐标	完成情况
集成电路	IC1	555	12e,…,12f	
	IC2	4017	21e,…,21f	
电阻	R1	1kΩ	6g,9g	
	R2	470kΩ	6a,6-	
	R3	1MΩ	14i,17i	
	R4	1kΩ	10i,13i	
	R5	470Ω	58a,58-	
电解电容	C1	100μF	9a,9-	
	C2	10μF	13a,13-	
瓷片电容	C3	103（0.01μF）	15g,17g	
微动开关	SB1	2 引脚	4i，6i	
发光二极管	LED1	φ5mm 红色	31f,31e	
	LED2	φ5mm 黄色	34f,34e	
	LED3	φ5mm 绿色	37f,37e	
	LED4	φ5mm 红色	40f,40e	
	LED5	φ5mm 黄色	43f,43e	
	LED6	φ5mm 绿色	46f,46e	
	LED7	φ5mm 红色	49f,49e	
	LED8	φ5mm 黄色	52f,52e	
	LED9	φ5mm 绿色	55f,55e	
	LED10	φ5mm 红色	58f,58e	
三极管NPN	VT1	9013	8h,9h,10h	
导线（+）	101	红色	4+,4j	
	102		9+,8j	
	103		12+,12j	
	104		16+,16j	
	105		21+,21j	
	106		16f,15d	
导线（-）	201	黑色	12a,12-	
	202		17a,17-	

元件名称	编号	参数或规格	参考坐标	完成情况
导线（-）	203	黑色	28a,28-	
	204		17f,17e	
	205		17h,22h	
	206		22i,24i	
其他导线	1	随机颜色	23d,31h	
	2		22c,34g	
	3		24b,37g	
	4		27d,40h	
	5		27j,43j	
	6		21a,46g	
	7		25a,49g	
	8		26a,52g	
	9		28i,55i	
	10		26i,58i	
	11	同一颜色	6f,6e	
	12		6d,9d	
	13		13g,13d	
	14		13h,14h	
	15	随机颜色	14c,23g	
	16	同一颜色	31d,34d	
	17		34c,37c	
	18		37a,40a	
	19		40d,43d	
	20		43a,46a	
	21		46b,49b	
	22		49a,52a	
	23		52b,55b	
	24		55c,58c	
电源	BT 6V	红+ 黑-	3+,3-	

例13 反应能力测试器

制作难度: ★★★ 中等

扫码看视频

原理简介:

　　反应能力测试器可用来检测和训练人的快速反应能力,它有多种结构形式,下面介绍的这个反应能力测试仪,由十进制计数器4017与若干只LED等组成,结构较为简单,可作为一种测试快速反应能力的玩具。电路方框图见图6-13-1,电路原理图见图6-13-2。

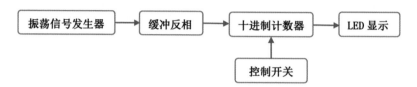

图6-13-1　反应能力测试器 电路方框图

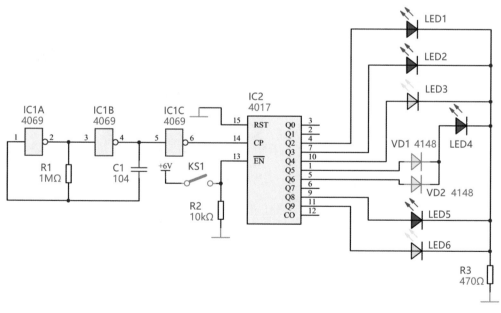

图6-13-2　反应能力测试器 电路原理图

从原理图中可以看出，这个电路利用十进制计数器4017的输出端驱动一组LED，采用门电路组成的振荡器，提供脉冲时钟信号，使4017的输出端不断循环地变换输出，LED轮流点亮发光。LED的变换速度可通过改变振荡信号发生器的电阻或电容参数，从而提高或降低振荡频率来控制。

振荡信号发生器由IC1A、IC1B、R1、C1等组成，经过IC1C缓冲、整形后送至IC2的CP端，IC2组成LED驱动电路，在时钟脉冲的驱动下，输出端Q0~Q9依次输出高电平，驱动LED依次发光。为了增加训练和测试难度，本电路只使用了10个输出端中的7个，而且输出端与LED进行不均匀连接，使LED点亮间隔变得不规则，让被测试者难以掌握LED的变化规律，有利于提高测试效果。本电路中的不均匀连接是将输出端中的Q0、Q1、Q7空置，并将Q5与Q6合并。这样，LED的显示将呈现快、慢、间隔不均匀，从而增加测试难度。

电源接通后，电路就开始工作，LED不停地循环发光。KS1为测试开关，闭合此开关后，IC2的$\overline{EN}$端即允许端将置于高电平，计数器停止工作并将输出结果予以保留，LED显示为最后一个输入脉冲时的状态。打开KS1，$\overline{EN}$端将置于低电平，计数器将继续计数，LED继续循环发光，准备下一次测试。

🔖 装调提示：

测试工作由测试人和被测试人组成，测试时可由测试人随机指定一只LED作为停止位置。例如，指定为LED2，被测试者须在拨动测试开关KS1后，正好使LED2发光。测试者若操作早了就会使LED1发光，晚了又会使LED3发光，还可能使IC2的输出端恰好停留在Q0或Q1或Q7空置端，使得所有LED均不发光。以此LED的显示结果来判断被测试者的反应速度。

4017的输出端可随意调整、组合，振荡信号发生器的频率也可以调整，以增加或降低测试难度。

电路装配图见图6-13-3，表6-13-1是元件清单及安装参考坐标。

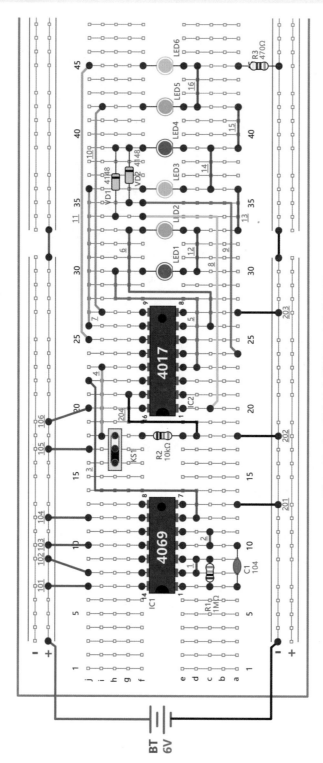

图6-13-3 反应能力测试器 电路装配图

表6-13-1 元件清单及安装参考坐标

元件名称	编号	参数或规格	参考坐标	完成情况
集成电路	IC1	4069	7e,…,7f	
	IC2	4017	20e,…,20f	
电阻	R1	1MΩ	7c,9c	
	R2	10kΩ	18f,18e	
	R3	470Ω	45a,45-	
瓷片电容	C1	104（0.1μF）	7a,10a	
二极管	VD1	4148	34h,39h	
	VD2	4148	35g,39g	
LED	LED1	φ5mm，红色	30f,30e	
	LED2	φ5mm，黄色	33f,33e	
	LED3	φ5mm，绿色	36f,36e	
	LED4	φ5mm，红色	39f,39e	
	LED5	φ5mm，黄色	42f,42e	
	LED6	φ5mm，绿色	45f,45e	
拨动开关	KS1	单刀双掷	16h,17h,18h	
导线（+）	101	红色	7+,7j	
	102		9+,8j	
	103		10+,10j	
	104		12+,12j	
	105		17+,17j	
	106		19+,20i	
导线（-）	201	黑色	13a,13-	
	202		18a,18-	
	203		27a,27-	
	204		18d,21g	
其他导线	1	随机颜色	8d,9d	
	2		10c,11c	
	3		12d,22j	

元件名称	编号	参数或规格	参考坐标	完成情况
其他导线	4	随机颜色	18i,23i	
	5		23d,30h	
	6		26c,33g	
	7		26j,36j	
	8		20c,34f	
	9		24a,35fj	
	10		27i,42i	
	11		25j,45j	
	12	同一颜色	30d,33d	
	13		33a,36a	
	14		36c,39c	
	15		39a,42a	
	16		42d,45d	
电源	BT 6V	红+ 黑-	3+,3-	

例14 可预设音调的音响电路

扫码看视频

制作难度：★★★ 中等

原理简介：

这是一个可以自行预设音调的音响发生电路，电路方框图见图6-14-1，电路原理图见图6-14-2。

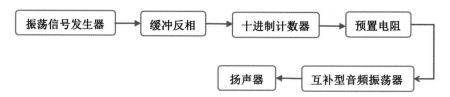

图6-14-1　可预设音调的音响电路　电路方框图

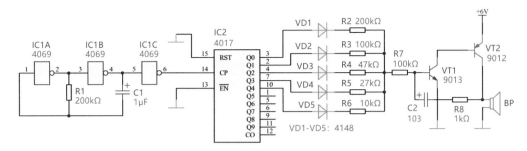

图6-14-2 可预设音调的音响电路 电路原理图

非门电路IC1A、IC1B和R1、C1等元件组成振荡电路，通过R1、C1的充、放电使电路产生振荡，其振荡输出经过IC1C缓冲、整形后，输出矩形脉冲波，加至IC2的第14脚CP端，作为时钟信号，振荡频率可通过选择R1、C1的值来确定。

IC2是由4017组成的十进制计数器，在CP端时钟脉冲上升沿的作用下，输出端Q0~Q9依次输出高电平。本电路中，Q0~Q4这5个输出端分别经过二极管VD1~VD5隔离，再通过R2~R7加到由VT1、VT2组成的互补型音频振荡器，振荡器自身振荡频率由C2、R8的取值决定。但由于R2~R6的阻值各不相同，因此加在VT1基极的电压有所不同，从而导致VT1、VT2组成的振荡器频率发生改变，并推动扬声器BP发出音色各异的声音。因此，只要自行选择R2~R6的阻值，就可以实现事先预设音调的音响发声。

🔊 装调提示：

由于4017是十进制计数器，而本电路仅使用了Q0~Q4共5个输出端，另外5个输出端空置未用，在Q5~Q9依次输出高电平期间，振荡器停止。因此，在扬声器BP中呈现的音色就是响5个音调，中断一会，再重复响5个音调。中断时间与发声时间一样长。我们还可以根据电路特点，自行选择调配4017的输出端，实现发出不同节奏的音响，比较有趣。

电路装配图见图6-14-3，表6-14-1是元件清单及安装参考坐标。

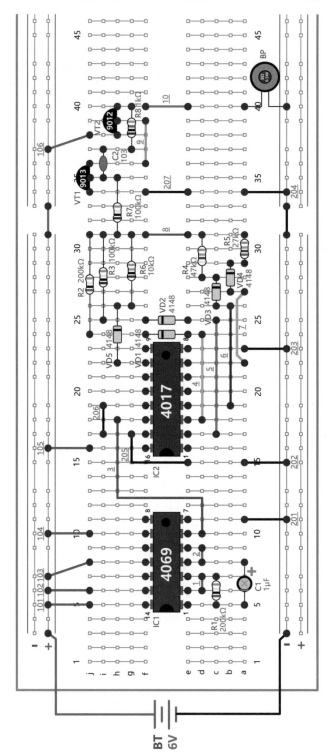

图6-14-3 可预设音调的音响电路 电路装配图

表6-14-1　元件清单及安装参考坐标

元件名称	编号	参数或规格	参考坐标	完成情况
集成电路	IC1	4069	5e,…,5f	
集成电路	IC2	4017	16e,…,16f	
电　阻	R1	200kΩ	5c，7c	
电　阻	R2	200kΩ	24j,31j	
电　阻	R3	100kΩ	25i,31i	
电　阻	R4	47kΩ	28d,31d	
电　阻	R5	27kΩ	29a,31a	
电　阻	R6	10kΩ	26g,31g	
电　阻	R7	100kΩ	31h,35h	
电　阻	R8	1kΩ	37g,40g	
瓷片电容	C2	103（0.01µF）	35i,37i	
电解电容	C1	1µF	5a,8a	
二极管	VD1	4148	24f,24e	
二极管	VD2	4148	25f,25e	
二极管	VD3	4148	26c,28c	
二极管	VD4	4148	27b,29b	
二极管	VD5	4148	22h,26h	
三极管NPN	VT1	9013	34j,35j,36j	
三极管PNP	VT2	9012	38h,39h,40h	
扬声器	BP	8Ω	40a,40-	
导线（+）	101	红色	5+,5j	
导线（+）	102	红色	6+,6j	
导线（+）	103	红色	7+,8j	
导线（+）	104	红色	10+,10j	
导线（+）	105	红色	16+,16j	
导线（+）	106	红色	37+,38j	
导线（-）	201	黑色	11a,11-	
导线（-）	202	黑色	15a,15-	
导线（-）	203	黑色	23a,23-	

元件名称	编号	参数或规格	参考坐标	完成情况
导线（-）	204	黑色	34a,34-	
	205		15e,17g	
	206		17i,19i	
	207		34f,34e	
其他导线	1	随机颜色	6d,7d	
	2		8d,9d	
	3		10d,18h	
	4		18d,24d	
	5		17c,25c	
	6		19b,26b	
	7		22a,27a	
	8		31f,31e	
	9		36f,39f	
	10		40f,40e	
电源	BT 6V	红+ 黑-	3+,3-	

扫码看视频

例15 电子骰子

制作难度：★★★★ 较高

原理简介：

骰子是各种益智棋类常用的物品，一般是六面正方体，每面分别为1~6个点，投掷后具有随机显示点数的特性。这里我们以数字集成电路十进制计数器为核心，配合7只LED组成显示电路，用于模拟骰子，随机显示1~6点的随机点数。电路方框图如图6-15-1所示，电路原理图如图6-15-2所示。

图6-15-1 电子骰子 电路方框图

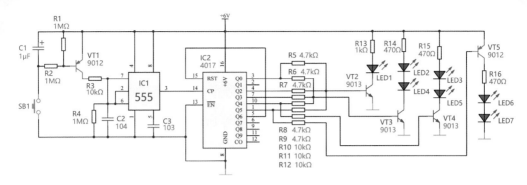

图6-15-2 电子骰子 电路原理图

本电路由脉冲产生电路和点数显示电路组成。VT1、C1、R1、R2等组成延时电路，IC1 555集成电路和R3、R4、C2等组成振荡电路。在SB1没有被按下时，C1没有充电，VT1处于截止状态，此时IC1不满足振荡条件，因此没有脉冲输出，电路尚未工作。当按动一下SB1，C1瞬间充满电，VT1导通，R3相当于接入电源正极，IC1满足振荡工作条件，开始振荡，其第3脚输出脉冲，供给IC2用于计数。在刚开始时脉冲频率较高，随着C1通过R2不断放电，VT1的导通能力逐渐下降，IC1的振荡频率开始逐渐降低，直至VT1截止，IC1停止振荡，第3脚停止输出脉冲。

IC2是点数显示电路，通过外围电路的逻辑组合，来实现1~6点的点数显示。IC2 4017是十进制计数电路，拥有Q0~Q9共10个输出端，每当CP端有上升沿脉冲来临时，Q0~Q9端依次输出高电平，同一时间只有一个Q端为高电平，其余均为低电平。但骰子只需要显示6个数，因此这里将Q6与RST相接，只使用Q0~Q5共6个输出端。随着脉冲计数Q0~Q6依次输出高电平，当Q6输出高电平时，RST复位，重新从Q0开始计数，从而实现了六进制计数。

当IC1输出的脉冲送入IC2第14脚CP端时，IC2开始计数，刚开始时，IC1的输出脉冲频率较高，IC2的Q0~Q5端依次快速输出高电平，随着IC1输出的频率降低，IC2的计数速度逐渐降低，Q0~Q5端输出高电平的速度也逐渐降低，直至停止，最终随机停留在Q0~Q5之间的某一个输出端。

Q0~Q5输出端和外围器件的逻辑组合，组成点数显示电路。其中VT2、VT3、VT4是NPN三极管，VT5是PNP三极管。

假设IC2最终停留在Q0，该高电平经过R5、R6使得VT2、VT3导通，LED1、LED2、LED4点亮，与此同时Q5输出低电平，VT5导通，LED6、LED7也点亮，模拟显示点数"5"。

如果IC2最终停留在Q1，Q1输出端没有接元件，但此时Q5为低电平，LED6、LED7点亮，模拟显示点数"2"。

如果IC2最终停留在Q2，该高电平经过R7使得VT2导通，LED1点亮，同时Q5输出低电平，LED6、LED7也点亮，模拟显示点数"3"。

如果IC2最终停留在Q3，该高电平经过R8使得VT3导通，LED2、LED4点亮，Q5输出低电平，LED6、LED7也点亮，模拟显示点数"4"。

如果IC2最终停留在Q4，该高电平经过R9、R11使得VT3、VT4导通，LED2、LED4、LED3、LED5点亮，Q5输出低电平，LED6、LED7也点亮，模拟显示点数"6"。

如果IC2最终停留在Q5，其输出一路经R10使得VT2导通，LED1点亮，另一路经过R12使得PNP的VT5截止，此时电路中仅LED1点亮，模拟显示点数"1"。

由此以上原理分析可见，只需要按一下SB1，7只LED组合就可以完成一次1~6点的随机显示，完成一次模拟投掷骰子的过程。

装调提示：

本电路连线较多，需仔细分辨。5只三极管中VT1、VT5是PNP型的，其余3只三极管是NPN型的，不要装错。7只LED在面包板上的安装方向不一样，请参考图6-15-3的LED排列图和图6-15-4电路装配图。通电后如果持续按下SB1不松手，IC1将始终输出较高频率的脉冲，IC2的Q0~Q5端也在依次快速输出高电平，LED1~LED7看起来都在点亮。松开SB1后，IC1输出的振荡频率逐渐降低，LED1~LED7闪烁速度也逐渐降低，最终随机停留在某一位点数上，完成一次模拟投掷过程。再次按下SB1就又可以重复上

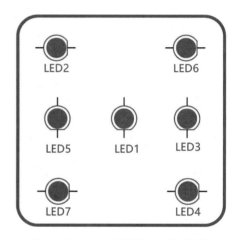

图6-15-3　电子骰子 LED排列图

述工作过程。增大C1的容量值，可以增加延时时间，从而延长骰子的闪烁时间。

本电路中IC2的输出端电阻R5~R12分别选用了两种规格，这主要是考虑到在本书配套（另行销售）的元件中，每种规格的电阻配置3~5只，如果只用一种规格的话可能不够用，而这个位置的电阻，阻值4.7kΩ和10kΩ都可以保证三极管正常驱动LED，因此根据实际元件的配置数量，分别选用了两种规格的电阻，如果用户手中的电阻富余，完全可以只用一种规格的电阻。

电路装配图如图6-15-4所示。元器件清单及安装参考坐标见表6-15-1。

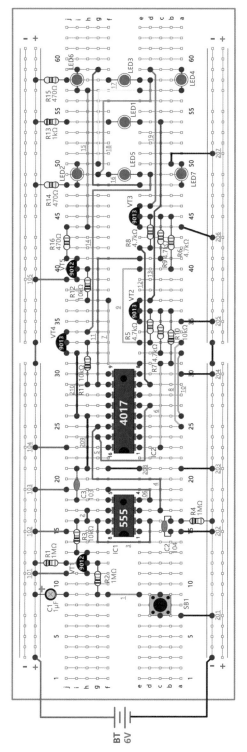

图6-15-4 电子骰子 电路装配图

表6-15-1 元器件清单及安装参考坐标

元件名称	编号	参数或规格	参考坐标	完成情况
集成电路	IC1	555	15e,…,15f	
	IC2	4017	23e,…,23f	
电阻	R1	1MΩ	12+,12j	
	R2	1MΩ	9g,12g	
	R3	10kΩ	13i,16i	
	R4	1MΩ	16a,16−	
	R5	4.7kΩ	33d,36d	
	R6	4.7kΩ	40b,45b	
	R7	4.7kΩ	32c,36c	
	R8	4.7kΩ	42d,45d	
	R9	4.7kΩ	41c,45c	
	R10	10kΩ	31b,36b	
	R11	10kΩ	29h,33h	
	R12	10kΩ	37h,40h	
	R13	1kΩ	54+,54j	
	R14	470Ω	48+,48j	
	R15	470Ω	58+,58j	
	R16	470Ω	41j,44j	
瓷片电容	C2	104（0.1μF）	15b,16b	
	C3	103（0.01μF）	18i,21i	
电解电容	C1	1μF	9+,9j	
发光二极管	LED1	φ5mm 红色	54f,54e	
	LED2		48i,50i	
	LED3		58f,58e	
	LED4		57a,59a	
	LED5		49f,49e	
	LED6		57i,59i	
	LED7		48a,50a	
三极管PNP	VT1	9012	11h,12h,13h	
	VT5		39i,40i,41i	
三极管NPN	VT2	9013	35e,36e,37e	
	VT3		44e,45e,46e	
	VT4		32j,33j,34j	

元件名称	编号	参数或规格	参考坐标	完成情况
微动开关	SB1	两引脚	7c,9c	
导线（+）	101	红色	11+,11j	
	102		15+,15j	
	103		19+,19j	
	104		23+,23j	
	105		39+,39j	
	106		19f,18d	
导线（-）	201	黑色	7a,7-	
	202		15a,15-	
	203		21a,21-	
	204		30a,30-	
	205		35a,35-	
	206		44a,43-	
	207		50b,51-	
	208		21e，21f	
	209		21h,26h	
	210		26i,32i	
其他导线	1	随机颜色	9f,9e	
	2	同一颜色	16h,17h	
	3		16g,16d	
	4	随机颜色	17c,25g	
	5		24g,27d	
	6	同一颜色	23c,31c	
	7		31e,37f	
	8		25a,33a	
	9		33e,40e	
	10	随机颜色	26a,32a	
	11		29g,41e	
	12		29d,42e	
	13		37d,54c	
	14		34h,49d	
	15		44h,57h	
	16		48e,59g	

元件名称	编号	参数或规格	参考坐标	完成情况
其他导线	<u>17</u>	随机颜色	50g,57e	
	<u>18</u>		49g,58d	
	<u>19</u>		46d,59d	
电源	BT 6V	红+ 黑-	3+,3-	

例16 敲击式延时开关

扫码看视频

制作难度：★★★ 中等

原理简介：

这是一个利用敲门声的敲击次数来控制的延时开关，电路方框图见图6-16-1，电路原理图见图6-16-2。

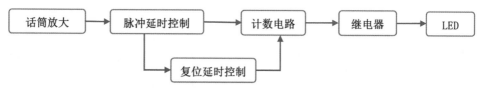

图6-16-1　敲击式延时开关 方框原理图

话筒MIC将敲击的声音信号收集后，通过C1送到由VT1、R2、R3等组成的音频放大电路，放大后的信号通过C2分成两路，一路送到IC1A及外围元件组成的单稳态电路，平时IC1A的第1脚Q1端输出为低电平，当第3脚CP1端有输入信号，呈现高电平时，Q1端翻转，输出高电平，该高电平也分为两路，一路送到IC2的第14脚CP端，IC2平时Q0输出为高电平，CP端有脉冲信号后，开始计数，Q0输出变为低电平，Q1变为高电平。与此同时，IC1A的Q1端高电平通过R4向C3充电，C3容量较小，很快充满，则IC1A的第4脚R1复位端变为高电平，IC1A翻转，Q1输出变为低电平。当话筒再次收到敲击声音后，会重复上述过程。如果连续敲击3次，则IC2的CP端会连续接收到3个脉冲，Q3输出高电平，通过R6送到VT2基极，驱动继电器吸合，LED1点亮。

IC1B及外围元件构成另一个单稳态电路，工作过程和IC1A一样。C2输出的脉冲信号送到IC1B的CP2端，IC1B翻转，$\overline{Q2}$变为低电平，IC2允许计数。由于C4电容取值比C3大一些，IC1B的翻转时间相对较长，从而实现延时。当延时时间到达，$\overline{Q2}$变为高电平，该高电平送到IC2的第15脚RES复位端，IC2复位，Q0输出为高电平，其余输出端均为低电平，Q3也为低电平，故继电器松开，LED1熄灭，完成一次延时过程。

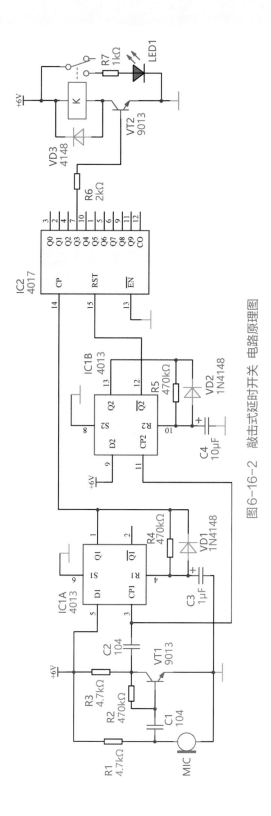

图6-16-2 敲击式延时开关 电路原理图

　　实验中，将面包板放置在桌上，敲击3次桌面，继电器吸合，LED1点亮，表示电路工作正常。电容C3取值影响每次敲击的间隔，取值减小，每次敲击的间隔可以较小，反之，敲击间隔需要加大，可以通过实验来确定最终适合的电容值。C4的电容值可以确定延时时间，在本电路中，为了缩短测试时间，C4取值较小；加大C4的电容值，可以延长延时时间。选择不同的IC2的输出端，可以设定不同的敲击次数。每完成一次检测过程，待电解电容放电完毕后，再进行下次测试。

　　电路装配图见图6-16-3，表6-16-1是所需元件清单及安装参考坐标。

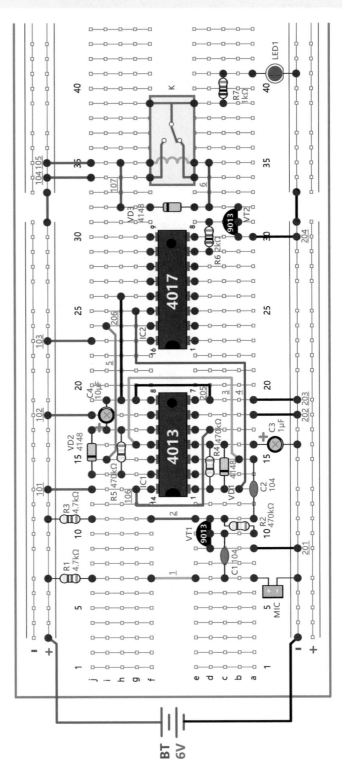

图6-16-3　敲击式延时开关 电路装配图

表6-16-1　元件清单及安装参考坐标

元件名称	编号	参数或规格	参考坐标	完成情况
集成电路	IC1	4013	13e,…,13f	
	IC2	4017	23e,…,23f	
电阻	R1	4.7kΩ	7+,7j	
	R2	470kΩ	10a,11c	
	R3	4.7kΩ	11+,11j	
	R4	470kΩ	13d,16d	
	R5	470kΩ	14h,17h	
	R6	2kΩ	29d,31d	
	R7	1kΩ	39c,41c	
瓷片电容	C1	104(0.1μF)	7c,10c	
	C2	104(0.1μF)	11a,15a	
电解电容	C3	1μF	16a,16-	
	C4	10μF	17i,19i	
二极管	VD1	4148	13c,16c	
	VD2	4148	14j,17j	
	VD3	4148	32f,32e	
发光二极管	LED1	φ5mm 红色	41a,41-	
三极管NPN	VT1	9013	9d,10d,11d	
	VT2	9013	30b,31b,32b	
驻极话筒	MIC	带引脚	7a,7-	
继电器	K	型号4100，线圈电压5V	34e,…,34f	
导线（+）	101	红色	13+,13j	
	102		18+,18j	
	103		23+,23j	
	104		34+,34j	
	105		35+,35j	
	106		13g,17d	
	107		32h,35h	

元件名称	编号	参数或规格	参考坐标	完成情况
导线（-）	201	黑色	9a,9-	
	202		18a,18-	
	203		19a,19-	
	204		30a,30-	
	205		19d,19g	
	206		19h,26h	
其他导线	1	随机颜色	7f,7e	
	2		11f,11e	
	3		15b,16g	
	4		13b,25g	
	5		15i,24i	
	6		32d,35d	
电源	BT 6V	红+ 黑-	3+,3-	

第七章
译码器驱动器电路实验

例17 二进制与十进制计数演示器

扫码看视频

制作难度：★★★★★ 高

原理简介：

　　这是一个由CMOS数字电路组成的二进制与十进制计数演示电路。4只LED组成二进制计数显示，1位数码管用于显示十进制数，二者同步显示，可直观了解二进制和十进制之间的对应关系。电路方框图如图7-17-1所示，电路原理图如图7-17-2所示。

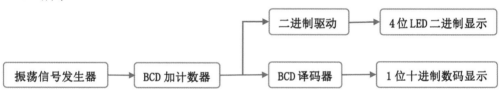

图7-17-1　二进制与十进制计数演示器 电路方框图

　　IC1A、IC1B组成一个振荡电路，经过IC1C整形后，向IC2提供计数脉冲信号，并通过LED5来显示该脉冲信号。IC2是一个双BCD加计数器，内含两个一样的同步计数器，在本电路中只使用了其中1位。它的第1脚为第1位的脉冲信号输入端CP1。在脉冲信号的作用下，其第3、4、5、6引脚输出4位的BCD码，并输送给IC3，IC3将BCD码转换成十进制数字，驱动数码管显示。IC2输出的BCD码，每一位还通过三极管放大后驱动LED1~LED4显示，因此4只LED显示的代表二进制数，数码管显示的代表十进制数。

装调提示：

　　电路中数码管采用的是1位共阴数码管，其第3脚和第8脚均为共阴引脚，需接低电平，且在数码管内部这两个引脚已经连通，因此在装配时，只需将第3脚就近接低电平即可，第8脚可空置。

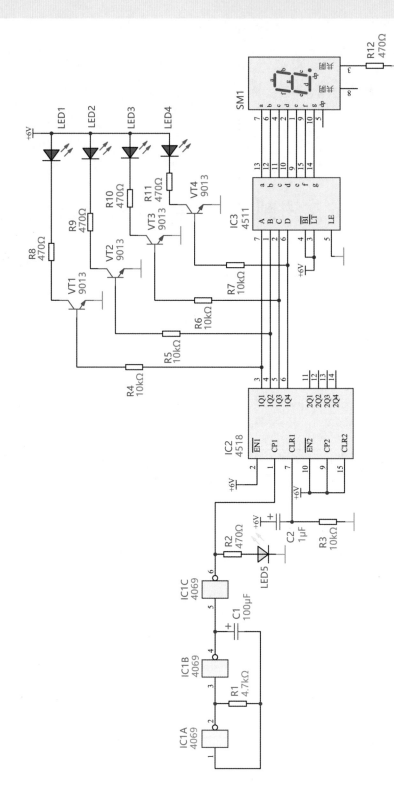

图7-17-2 二进制与十进制计数演示器 电路原理图

从图7-17-2可以观察到，数码管仅在第3脚接有一只限流电阻R12，而不是在每段笔画各接一只限流电阻。这样会导致数码管在显示不同数字时，呈现的亮度有区别。例如在显示数字"1"时，只有b，c这2段笔画点亮，此时数码管亮度稍高。而显示数字"8"时，a~g共7段笔画均点亮，则此时数码管显示亮度略低。显示其他数字时也会随点亮点亮笔画的多少，而存在亮度区别。但这样设计的好处是在面包板上可以大幅简化接线数量，降低装配难度，提升电路的可靠性。

在后面使用4511驱动的数码管电路中也采用了同样的电路形式。

电路装配图见图7-17-3，表7-17-1是元件清单及安装参考坐标。

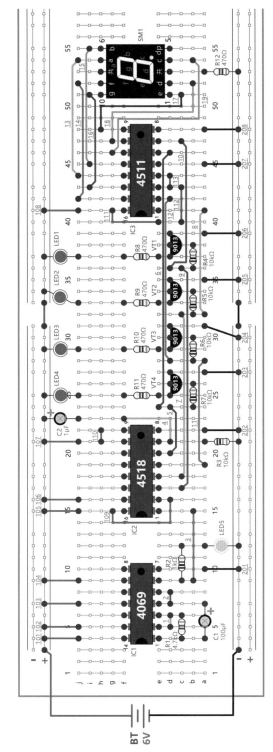

图7-17-3 二进制与十进制计数演示器 电路装配图

表7-17-1　元件清单及安装参考坐标

元件名称	编号	参数或规格	参考坐标	完成情况
集成电路	IC1	4069	4e,…,4f	
	IC2	4518	15e,…,15f	
	IC3	4511	41e,…,41f	
电阻	R1	4.7kΩ	4c,6c	
	R2	1kΩ	9c,12c	
	R3	10kΩ	21a,21-	
	R4	10kΩ	36b,38b	
	R5	10kΩ	32b,34b	
	R6	10kΩ	28b,30b	
	R7	10kΩ	24b,26b	
	R8	470Ω	37f,37e	
	R9	470Ω	33f,33e	
	R10	470Ω	29f,29e	
	R11	470Ω	25f,25e	
	R12	470Ω	53a,53-	
电解电容	C1	100μF	4a,7a	
	C2	1μF	23+,23j	
发光二极管	LED1	φ5mm 红色	37+,37j	
	LED2	φ5mm 红色	34+,33j	
	LED3	φ5mm 红色	29+,29j	
	LED4	φ5mm 红色	25+,25j	
	LED5	φ5mm 黄色	12a,12-	
三极管NPN	VT1	9013	37d,38d,39d	
	VT2	9013	33d,34d,35d	
	VT3	9013	29d,30d,31d	
	VT4	9013	25d,26d,27d	
1位数码管	SM1	0.56in 共阴	51d,…,51h	
导线（+）	<u>101</u>	红色	4+,4j	

元件名称	编号	参数或规格	参考坐标	完成情况
导线（+）	102	红色	5+,5j	
	103		7+,7j	
	104		9+,9j	
	105		15+,15j	
	106		16+,16j	
	107		21+,21j	
	108		41+,41j	
	109		15g,16d	
	110		21h,22h	
	111		41g,40e	
	112		40c,43c	
	113		43d,44d	
导线（−）	201	黑色	10a,10−	
	202		22a,22−	
	203		27a,27−	
	204		31a,30−	
	205		35a,35−	
	206		39a,39−	
	207		45a,45−	
	208		48a,48−	
其他导线	1	随机颜色	5d,6d	
	2		7d,8d	
	3		9b,15b	
	4		21d,23f	
	5	同一颜色	20d,24d	
	6		24e,46d	
	7		18c,32c	
	8		32a,41a	

元件名称	编号	参数或规格	参考坐标	完成情况
其他导线	<u>9</u>	同一颜色	17c,36c	
	<u>10</u>		36d,47c	
	<u>11</u>		19a,28a	
	<u>12</u>		28d,42d	
	<u>13</u>	随机颜色	44j,54j	
	<u>14</u>		42j,52j	
	<u>15</u>		45i,55i	
	<u>16</u>		43i,51i	
	<u>17</u>		48h,51c	
	<u>18</u>		47g,52b	
	<u>19</u>		46g,54b	
电源	BT 6V	红+ 黑−	3+,3−	

例18 一位数随机产生器

扫码看视频

制作难度：★★★★★ 高

原理简介：

本例是一个可以产生一位随机数字的电路，这个电路不受人为控制，可以做到公平和公正，可用于摇奖、抽签等场合，电路方框图见图7-18-1，电路原理图见图7-18-2。

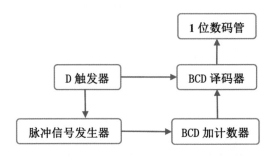

图7-18-1 一位数随机产生器 电路方框图

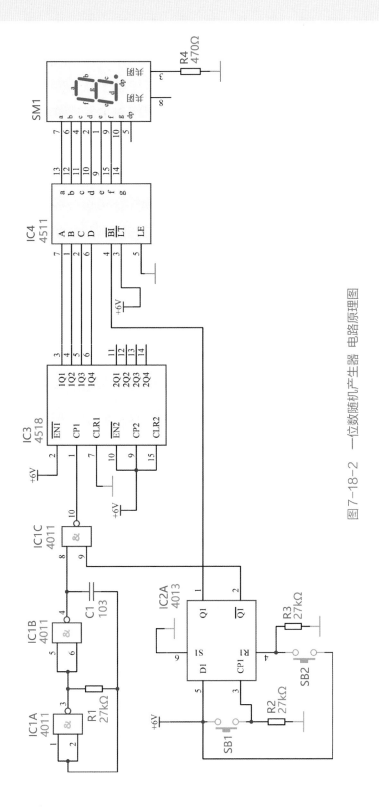

图7-18-2 一位数随机产生器 电路原理图

电路由脉冲信号发生器、BCD计数器、数码显示等电路组成。IC1A和IC1B组成多谐振荡器，该振荡器的工作频率约17kHz。该频率信号经过IC1C的与非门控制，送至IC3 4518的第1脚CP1计数端。IC3是双BCD计数器，本电路将其中一个BCD计数器与IC4 4511相接，用于驱动SM1数码管显示。由于多谐振荡器的振荡频率较高，每秒钟有一万多的脉冲送到计数电路来计数，并且在计数过程中通过控制电路使数码管处于熄灭状态，并不显示任何数字。只有在按下SB1按钮后，数码管才显示当前计数的数字并保持不变，因此就有效避免了人为干预或者预知数字结果。

控制电路由IC2A 4013 D触发器、R2、R3、SB1、SB2等组成。在接通电源后，IC2A的第1脚Q1端为低电平，这个低电平加载到IC4的$\overline{BI}$消隐控制端，使得数码管SM1不显示数字。与此同时IC2A的第2脚$\overline{Q1}$端为高电平，这个高电平加载到与非门IC1C的第8脚，使得IC1C的这个控制门处于打开状态，多谐振荡器的信号可以顺利送入计数电路计数。

当按下SB1按钮后，IC2A的D触发器翻转，$\overline{Q1}$端输出低电平，使得IC1C的控制门关闭，计数电路不再计数。同时Q1端输出高电平，解除了IC4的消隐状态，因此数码管SM1就会正常显示停止计数时的数字，并保持不变。

当按下SB2按钮后，IC2A的D触发器复位，即再次翻转，呈现出和刚上电时一样的状态，等待再次"摇号"。

📨 **装调提示：**

本电路的连线有一定交错，需要仔细检查连线的正确性。IC2A的控制状态是本电路的核心。测试时可用万用表测量IC2A的第1脚Q1输出端，上电时为低电平，数码管SM1处于熄灭状态。然后按动按钮SB1，Q1输出端变为高电平，数码管SM1显示一位随机的数字并保持不变。再按动一下SB2，Q1输出端再次变为低电平，数码管SM1熄灭，电路恢复到初始状态，由此可以表明电路已能正常工作。

电路装配图见图7-18-3。元器件清单及安装参考坐标见表7-18-1。

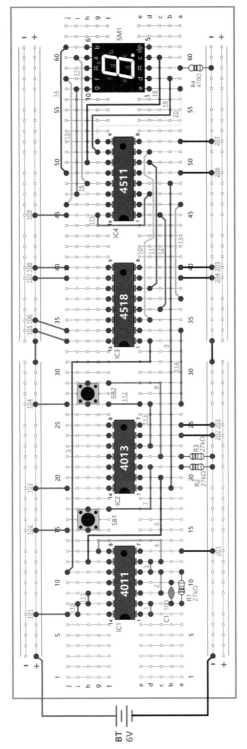

图7-18-3 一位数随机产生器 电路装配图

表7-18-1 元件清单及安装参考坐标

元件名称	编号	参数或规格	参考坐标	完成情况
集成电路	IC1	4011	7e,…,7f	
	IC2	4013	19e,…,19f	
	IC3	4518	33e,…,33f	
	IC4	4511	45e,…,45f	
电阻	R1	27kΩ	8a,11a	
	R2	27kΩ	21a,21-	
	R3	27kΩ	22a,22-	
	R4	470Ω	59a,59-	
瓷片电容	C1	103(0.01μF)	8b,10b	
1位数码管	SM1	共阴	57d,…,57h	
微动开关	SB1	两引脚	15h,17h	
	SB2		27h,29h	
导线（+）	101	红色	7+,7j	
	102		15+,15j	
	103		19+,19j	
	104		27+,27j	
	105		34+,33j	
	106		35+,34j	
	107		39+,39j	
	108		40+,40j	
	109		45+,45j	
	110		7i,8i	
	111		8h,9h	
	112		27f,27e	
	113		23d,27d	
	114		27a,34a	
	115		45g,47d	
导线（-）	201	黑色	13a,13-	
	202		24a,24-	

元件名称	编号	参数或规格	参考坐标	完成情况
导线（－）	203	黑色	25a,25－	
	204		39a,39－	
	205		40a,40－	
	206		49a,49－	
	207		52a,52－	
其他导线	1	随机颜色	7d,8d	
	2	同一颜色	9c,11c	
	3		11d,12d	
	4		12c,13g	
	5	随机颜色	11j,33d	
	6		12h,20c	
	7		17f,21d	
	8		22c,29f	
	9		19b,48b	
	10		35d,51d	
	11		38d,50d	
	12		36c,45c	
	13		37a,46a	
	14		49j,61j	
	15		46j,58j	
	16		47i,57i	
	17		48h,60i	
	18		50h,60c	
	19		51g,58b	
	20		52g,57a	
电源	BT 6V	红＋ 黑－	3＋,3－	

例19 四路抢答器

制作难度：★★★★ 较高

原理简介：

这是一款可以实现四路抢答的电路。电路方框图见图7-19-1，电路原理图见图7-19-2。

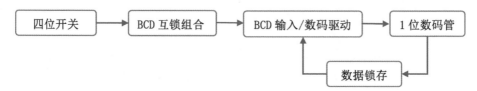

图7-19-1　四路抢答器 电路方框图

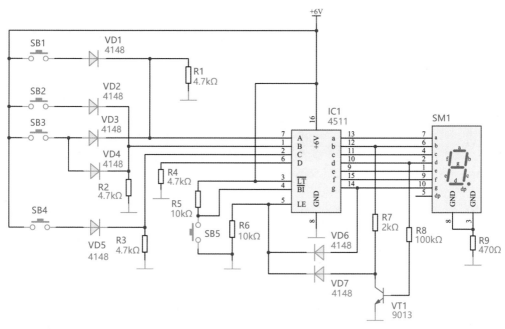

图7-19-2　四路抢答器 电路原理图

IC1 4511是一只BCD7段锁存、译码、驱动集成电路，可以直接驱动1位共阴数码管显示，它的7、1、2、6引脚是BCD码的输入端，由于本电路是实现四路抢答，最大识别数字是"4"，对应二进制数是"100"，因此只使用了7、1、2引脚，第6脚未使用，该引脚通过R4接地。SB1~SB4构成4路抢答的输入端，通过VD1~VD5

的组合，将SB1~SB4的输入转换成BCD码。

如SB1首先按下时，高电平信号通过VD1加载到IC1的第7脚，构成BCD码的0001，即十进制的"1"。IC1输出驱动数码管显示数字1。

如SB2首先按下时，高电平信号通过VD2加载到IC1的第1脚，构成BCD码的0010，即十进制的"2"。IC1输出驱动数码管显示数字2。

如SB3首先按下时，高电平信号通过VD3和VD4加载到IC1的第7脚和第1脚，构成BCD码的0011，即十进制的"3"。IC1输出驱动数码管显示数字3。

如SB4首先按下时，高电平信号通过VD5加载到IC1的第2脚，构成BCD码的0100，即十进制的"4"。IC1输出驱动数码管显示数字4。

在本电路中，数码管需要显示的数字分别是0、1、2、3、4，其中0用于待机状态，通过分析数码管的显示规律，我们分别提取数码管的笔画段，并通过VT1、VD6、VD7、R7、R8等组成一个简单的逻辑识别电路，送到4511的第5脚LE数据锁存端，用于显示第一个开关按下时的数据并固定数据。

在待机状态时，数码管显示0，b、d笔画为高电平，VT1导通，其集电极为低电平，同时g笔画为低电平，因此VD6、VD7的正极均为低电平，均不导通，在电阻R6的下拉作用下，4511的第5脚LE数据锁存端为低电平，4511正常显示数字0。

当SB1首先按下，数码管显示1时，b笔画为高电平，d笔画为低电平，VT1截止，其集电极为高电平，通过VD7，该高电平加载到LE数据锁存端，4511显示数字1，且锁存该数据，后面不论4511输入端再有任何输入均不响应。同时g笔画为低电平，VD6不导通，隔离了LE端的高电平，对LE端不产生影响。最终显示抢答的结果：数据1。

当SB2首先按下，数码管显示2时，b、d笔画均为高电平，VT1导通，其集电极为低电平，VD7截止。但g笔画为高电平，VD6导通，该高电平加载到LE数据锁存端，4511显示数字2，且锁存该数据，不论4511输入端再有任何输入均不响应。VD7的截止隔离了LE端的高电平，VT1的导通对LE端不产生影响。最终显示抢答的结果：数据2。

大家可根据上面讲述的工作过程，自行分析当SB3或SB4首先按下时，数码管显示3或4时的逻辑控制过程，这里不再赘述。

每次抢答完毕后，按下SB5，IC1第4脚$\overline{BI}$为低电平，输出端消隐（即输出笔画端全部为"0"，且不显示任何数字）并清零。松开SB5后，数码管恢复显示，并显示"0"，实现清零效果，等待下次抢答。

✈ 装调提示：

本电路连线较多，需注意分辨。用于抢答的微动开关并不是按照编号顺序排列，而是就近设置，以便于接线，测试时注意分辨其所代表的数字。

根据电路原理可以看出，本电路可以实现更多路的抢答，如通过外加一极管的组合，并启用IC1的第6脚输入端，就可以实现8路抢答，但会导致接线过于复杂，在单块面包板上实现较为困难。感兴趣的朋友可以采用多块面包板拼接的方式来扩大使用面积，实现更多路的抢答。

电路装配图见图7-19-3，表7-19-1是所需元件清单及安装参考坐标。

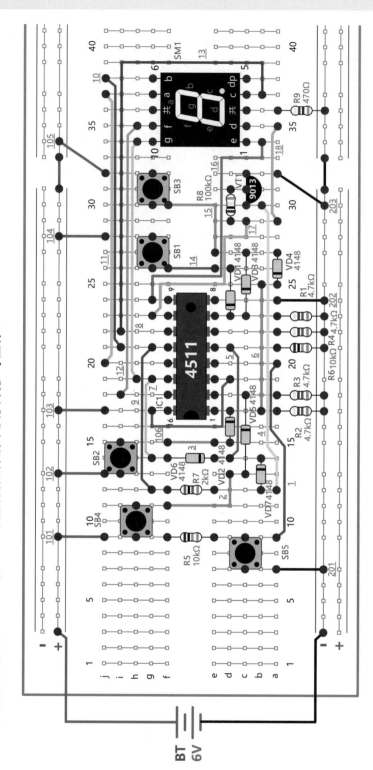

图7-19-3　四路抢答器　电路装配图

表 7-19-1 元件清单及安装参考坐标

元件名称	编号	参数或规格	参考坐标	完成情况
集成电路	IC1	4511	17e,···,17f	
电阻	R1	4.7kΩ	23a,23-	
	R2	4.7kΩ	17a,17-	
	R3	4.7kΩ	18a,18-	
	R4	4.7kΩ	22a,22-	
	R5	10kΩ	9f,9e	
	R6	10kΩ	21a,21-	
	R7	2kΩ	12f,12e	
	R8	100kΩ	29d，31d	
	R9	470Ω	36a,36-	
二极管	VD1	4148	23d,26d	
	VD2	4148	15d,17d	
	VD3	4148	23c,27c	
	VD4	4148	25a,27a	
	VD5	4148	13c,18c	
	VD6	4148	14f,14e	
	VD7	4148	12b,14b	
三极管	VT1	9013	30c,31c,32c	
微动开关	SB1	两引脚	26g,28g	
	SB2	两引脚	13i,15i	
	SB3	两引脚	30g,32g	
	SB4	两引脚	9h,11h	
	SB5	两引脚	7c,9c	
数码管	SM1	0.56in 共阴	34c,···,34g	
导线（+）	101	红色	9+,9j	
	102		13+,13j	
	103		17+,17j	
	104		28+,28j	
	105		34+,32j	
	106		17g,19d	
导线（-）	201	黑色	7a,7-	
	202		24a,24-	
	203		32a,30-	
其他导线	1	随机颜色	9a,20a	

元件名称	编号	参数或规格	参考坐标	完成情况
其他导线	2	随机颜色	11f,13d	
	3		15f,15e	
	4		12a,30b	
	5		14d,21d	
	6		17b,25b	
	7	同一颜色	14g,19g	
	8		19h,34h	
	9	同一颜色	12g,21g	
	10		21i,38j	
	11	随机颜色	20j,37j	
	12		18i,35h	
	13		22i,37b	
	14		26f,26e	
	15		30f,27e	
	16		24g,34b	
	17	同一颜色	23g,29c	
	18		29a,35a	
电源	BT 6V	红+ 黑−	3+,3−	

例20 电子摇号器

制作难度：★★★★ 较高

扫码看视频

原理简介：

本电路是可以随机生成两位数字的电路。电路方框图见图 7-20-1，电路原理图见图 7-20-2，两个图中绿色框中的电路，表示使用了数码管适配板，集成电路 40110 与数码管均已事先连接好，用户只需连接 40110 的控制端引线即可，大大简化了接线步骤。

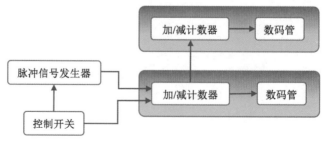

图 7-20-1 电子摇号器 电路方框图

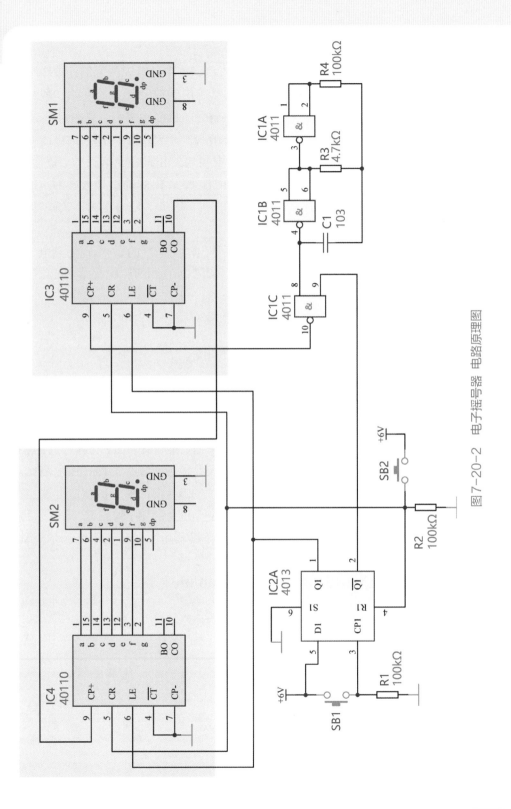

图7-20-2 电子摇号器 电路原理图

IC1A和IC1B组成振荡电路，提供脉冲信号。IC3和IC4组成两位的计数电路，在脉冲信号的作用下高速计数。IC2A是双触发器，用于控制计数的开始和停止，这里只用了其中一组触发器。电路刚通电时，数码管随机显示字符。先按一下SB2开关，IC2A、IC3、IC4均被复位，数码管显示00，松开SB2后，IC2A的Q1输出端为低电平，该低电平与IC3和IC4的LE（锁存控制端）相接，允许计数。$\overline{Q}$输出为高电平，并和与非门IC1C的第9脚相接，故IC1C的第10脚输出计数脉冲，IC3和IC4开始计数。由于脉冲频率较高，计数速度很快，因此人眼看上去，数码管显示是88。

当按下SB1时，IC2A翻转，Q1输出变为高电平，IC3和IC4的LE端也为高电平，计数电路立即锁存当前数字。同时IC2A的$\overline{Q}$输出端变为低电平，IC1C的输出端变为高电平，不再输出计数脉冲，至此完成一次摇号。

需要再次摇号时，只需再按一下SB2，让电路复位，即可开始新的一次摇号过程。

装调提示：

电路连线较多，装配时需要仔细分辨，特别是数码管适配板引出的导线，都需要与4013和4011的相关引脚相接，注意不要装错。4013和4011没有用到的输入端，应接高电平或低电平，不要悬空。装配完成并检查无误后，即可通电测试。有条件的用户，可以用示波器或频率计，测量IC1的第4脚，应有振荡信号输出，频率在10kHz左右。然后按动SB1，并用万用表测量IC2的第1脚或第2脚，每按动一下，IC2的第1脚或第2脚应翻转一次，且两个引脚电平相反。电路测量正常后，就可以按照原理简介中介绍的步骤进行测试。

电路装配图见图7-20-3。元器件清单及安装参考坐标见表7-20-1。

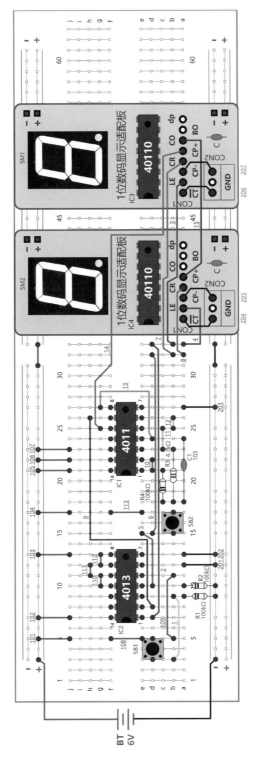

图7-20-3　电子摇号器　电路装配图

表 7-20-1 元器件清单及安装参考坐标

元件名称	编号	参数或规格	参考坐标	完成情况
集成电路	IC1	4011	21e,…,21f	
	IC2	4013	7e,…,7f	
数码管显示适配板	IC3	40110	55+,55-	
	IC4	40110	43+,43-	
电阻	R1	100kΩ	9a,9-	
	R2	100kΩ	10a,10-	
	R3	4.7kΩ	18b,23b	
	R4	100kΩ	18c,21c	
瓷片电容	C1	103（0.01μF）	18a,24a	
微动开关	SB1	两引脚	3d,5d	
	SB2	两引脚	15b,17b	
导线（+）	101	红色	5+,5j	
	102		7+,7j	
	103		13+,13j	
	104		17+,17j	
	105		21+,21j	
	106		22+,22j	
	107		23+,23j	
	108		5f,5e	
	109		5b,11b	
	110		10g,11g	
	111		11h,12h	
	112		12g,13g	
	113		17f,17e	
导线（-）	201	黑色	12a,12-	
	202		13a,13-	
	203		27a,27-	
	204		IC4 $\overline{CT}$,GND	
	205		IC4 CP-,GND	
	206		IC3 $\overline{CT}$,GND	
	207		IC3 CP-,GND	
其他导线	1	随机颜色	3b,9b	

元件名称	编号	参数或规格	参考坐标	完成情况
其他导线	2	同一颜色	7d,33d	
	3		33b,IC3 LE	
	4		33a,IC4 LE	
	5		10d,15e	
	6		15d,32d	
	7		32b,IC3 CR	
	8		32a,IC4 CR	
	9	随机颜色	8d,26h	
	10		21d,22d	
	11	同一颜色	23c,25c	
	12		25b,26b	
	13	随机颜色	27g,24d	
	14		25g,IC3 CP+	
	15		IC4 CP+,IC3 CO	
电源	BT 6V	红+ 黑-	3+,3-	

例21 流动人员计数器

扫码看视频

制作难度：★★★★ 较高

原理简介：

这是一款可以在公共场合统计进出人员数量的电路。它实质是一个可以加、也可以减的计数电路。如将此装置放在会场入口，当有人员进入时，数码管显示计数电路自动加1，当有人员走出时，数码管显示电路自动减1，从而实现对会场内人员的实时统计。电路方框图见图7-21-1，电路原理图见图7-21-2。

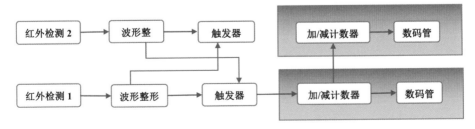

图7-21-1 流动人员计数器 电路方框图

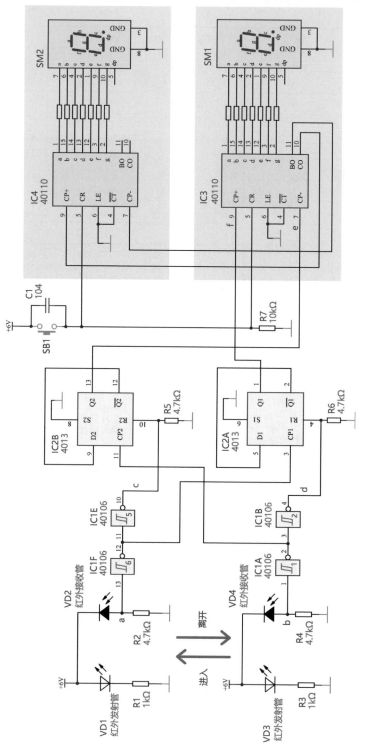

图7-21-2 流动人员计数器 电路原理图

平时在无人进出时，VD1发射出的红外信号，由VD2接收，VD3发出的信号，由VD4接收，电路的a点、b点均为高电平。当有人员进入时，VD4首先被遮挡，VD4收不到VD3发出的信号，呈现高电阻，那么b点变为低电平，经过施密特电路整形后，IC1A输出高电平，提供给IC2B的CP2计数端。此时，VD1和VD2之间还没有被遮挡，故a点为高电平，经IC1F、IC1E整形后依然输出高电平，并加载到IC2B的复位端R2上，因此IC2b的Q2输出端为低电平，它连接到IC3的减计数端CP-，因为此时是低电平，IC3不计数。同时IC2A触发器复位端R1被置位低电平。接下来VD1和VD2之间被遮挡，a点也变为低电平，IC1F输出为高电平，并送至IC2A的CP1计数端，此时触发器IC2A的Q1变为高电平，向IC3的加计数脉冲输入端CP+提供脉冲，IC3执行加1，因此数码管此时显示计数加1。IC3和IC4组成两位十进制计数器，因此电路最大计数为99。

当有人员走出时，VD1和VD2先被遮挡，VD3和VD4后被遮挡，电路的逻辑关系与上述几乎一致，只是IC2B的Q2输出端会变为高电平，向IC3的减计数端CP-提供计数脉冲，IC3执行减计数，故数码管显示数字减1。电路中SB1是清零按键，按动一下SB1数码管显示变为00。

装调提示：

在方框图和原理图中，用绿底色方框圈起来的部分，表示使用了40110数码管适配板。该适配板在第二章中有专门介绍，电路在使用适配板后，可以大大简化接线，使得面包板电路连线更加清爽，电路更加可靠。在适配板上，含有40110的引脚功能端设置排孔和GND接地排孔，对于需要设置为接地的功能端，只需用套装里的一小段黑色单股镀锡铜线，将功能端与GND排孔连接即可，非常简便。本例中，只需用黑色短导线，将$\overline{CT}$端和LE端与GND端排孔连接起来即可，其他信号输入端也只需用导线与电路连接即可。

红外发射管与接收管要对向安装，不要偏离。其中，红外接收管VD2和VD4是反向使用的，它的负极接电源正极，注意不要搞错。有条件的话，建议用不透光的黑色胶布包裹红外接收管外壳，仅留出管头并对正红外发射管，可有效避免外界光线干扰。

测试时可以用不透光的卡片从下往上通过检测口，用于模拟人员进入，则此时计数器显示加1，再次从下往上通过检测口，计数器再加1。接下来反过来测试，将卡片从上往下通过检测口，用于模拟人员走出，此时，计数器显示数字减1，再次从上往下通过检测口，计数器再减1。测试时要尽量避免阳光和明亮的灯光直射到红外接收管，以防这些光线中的红外线对电路产生干扰。

电路装配图见图7-21-3。元器件清单及安装参考坐标见表7-21-1。

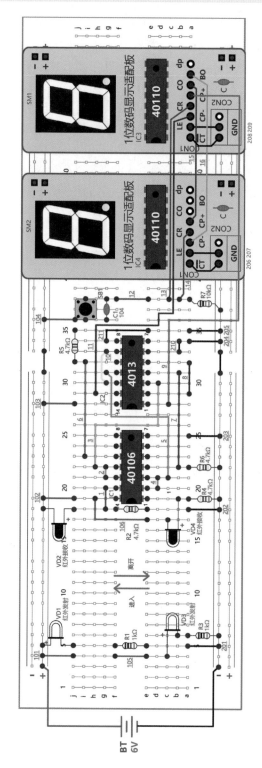

图7-21-3 流动人员计数器 电路装配图

表7-21-1　元器件清单及安装参考坐标

元件名称	编号	参数或规格	参考坐标	完成情况
集成电路	IC1	40106	19e,…,19f	
	IC2	4013	28e,…,28f	
数码管 显示适配板	IC3	40110	61+,61-	
	IC4	40110	49+,49-	
电阻	R1	1kΩ	5f,5e	
	R2	4.7kΩ	18f,18e	
	R3	1kΩ	6a,6-	
	R4	4.7kΩ	19a,19-	
	R5	4.7kΩ	32j,35j	
	R6	4.7kΩ	22a,22-	
	R7	10kΩ	38+,37-	
瓷片电容	C1	104（0.1μF）	36g,38g	
红外发射管	VD1	φ5mm	5+,5j	
	VD3	φ5mm	4c,6b	
红外接收管	VD2	φ5mm	18+,18j	
	VD4	φ5mm	17c,19b	
微动开关	SB1	两引脚	36i,38i	
导线（+）	101	红色	4+,4j	
	102		19+,19j	
	103		28+,28j	
	104		36+,36j	
	105		4f,4e	
	106		19h,17e	
导线（-）	201	黑色	6a,6-	
	202		18a,18-	
	203		25a,25-	
	204		34a,34-	
	205		35a,35-	

元件名称	编号	参数或规格	参考坐标	完成情况
导线（−）	206	黑色	IC4 $\overline{CT}$,GND	
	207		IC4 LE,GND	
	208		IC3 $\overline{CT}$,GND	
	209		IC3 LE,GND	
	210		33b,34b	
	211		34g,35e	
其他导线	1	随机颜色	18g,20g	
	2	同一颜色	21g,22g	
	3		22h,30d	
	4		20d,21d	
	5		21c,31g	
	6	随机颜色	23i,32i	
	7		22b,31b	
	8		29a,32a	
	9		28c,IC3 CP+	
	10		30g,33g	
	11		29h,IC3 CP−	
	12	同一颜色	38f,38e	
	13		38c,IC3 CR	
	14		38b,TC4 CR	
	15	随机颜色	IC4 CP+,IC3 CO	
	16		IC4 CP−,IC3 BO	
电源	BT 6V	红＋ 黑−	3+,3−	

第八章
模拟开关电路实验

奇妙叫声发生器

扫码看视频

制作难度：★★★★★ 高

原理简介：

　　这是一款可以发出奇妙叫声的音响电路，它通过数字电路来模拟发出类似鸟叫的声音，音色组合可以在4个音色中随意组成10个声音循环发声，通过适当改变元件参数，也可以发出更加奇妙的声音。电路方框图见图8-22-1，电路原理图见图8-22-2。

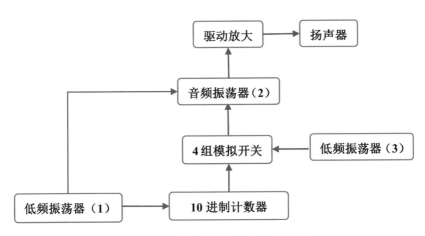

图8-22-1　奇妙叫声发生器 电路方框图

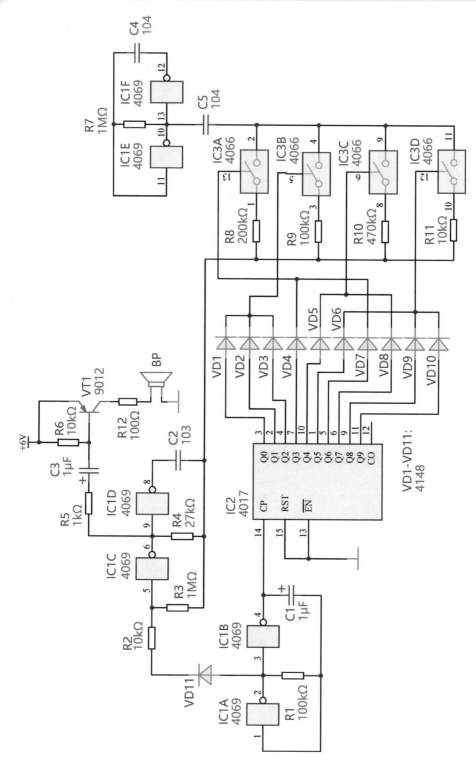

图8-22-2 奇妙叫声发生器 电路原理图

电路中含有3组由门电路组成的不同频率的多谐振荡器，配以十进制计数器和4组模拟开关，通过调制，从扬声器中发出有一定节奏的复合音响。IC1A、IC1B、R1、C1等组成第一个多谐振荡器，按照原理图中的参数，它的振荡频率约2Hz。这个频率一方面送到IC2 4017的第14脚CP端，为IC2提供时钟脉冲；另一方面，通过VD11、R2，加载到IC1C的第5脚，用于调制IC1C、IC1D、R3、R4、C2等组成的第二个具有较高频率的振荡器，振荡频率大约为2200Hz，是人耳可以听到的高频叫声。同时IC1E、IC1F、R7、C4等组成第三个低频振荡器，它的振荡频率约为10Hz。

IC2的各输出端在时钟脉冲的作用下依次输出高电平，通过VD1~VD10的组合、隔离，分别接在IC3 4066组成的4组模拟开关的控制端上，控制各个模拟开关的通断，分别将R8、R9、R10、R11这4个不同阻值的电阻接入电路中，并对第二个振荡电路进行调制。经过多次调制后，IC1C输出的信号，经过R5、C3和VT1放大后，驱动扬声器发出奇妙的鸟叫声音。由于其音调不是单一频率的，而是经过多次调制的，因此喇叭发出的音色是复合音，具有一定的节奏感。

装调提示：

改变第一个振荡器的阻容元件参数，可以改变发出声音的快慢，改变第二个和第三个振荡器的阻容元件参数可以改变音色。IC2的10个输出端，分别通过二极管组合后接在了IC3的4个模拟开关上。因此这个电路实际上只能发出4个音调共10个音符，并不断循环。因此，我们可以随意改变二极管的输出组合，就可以获得不同的曲调。在了解了电路工作原理之后，音色和曲调都可以通过实验，由用户自行确定，从而获得不同的音响效果，不一定非要按照电路图上的元件参数和接法。电路中R12与扬声器串联，目的是适当减少扬声器的音量，同时大幅减少VT1的驱动电流，节省电池消耗，同时使VT1不会因电流过大而发热。

电路装配图见图8-22-3。元器件清单及安装参考坐标见表8-22-1。

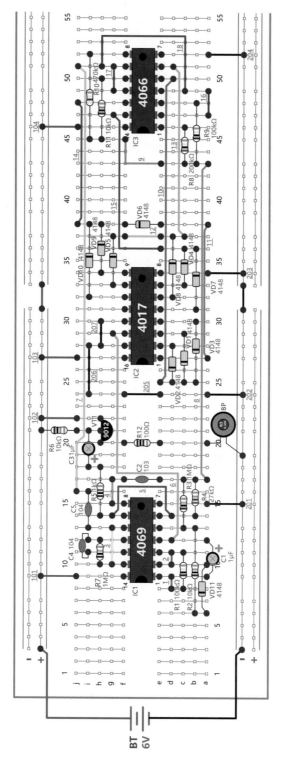

图 8-22-3 奇妙叫声发生器 电路装配图

表8-22-1 元器件清单及安装参考坐标

元件名称	编号	参数或规格	参考坐标	完成情况
集成电路	IC1	4069	9e,…,9f	
	IC2	4017	27e,…,27f	
	IC3	4066	46e,…,46f	
电阻	R1	100kΩ	8c,11c	
	R2	10kΩ	6b,13b	
	R3	1MΩ	13c,17c	
	R4	27kΩ	14b,17b	
	R5	1kΩ	14h,18h	
	R6	10kΩ	21+,21j	
	R7	1MΩ	10h,12h	
	R8	200kΩ	43c,46c	
	R9	100kΩ	43b,48b	
	R10	470kΩ	45i,52i	
	R11	10kΩ	45h,50h	
	R12	100Ω	20f,20e	
瓷片电容	C2	103（0.01μF）	17f,17e	
	C4	104（0.1μF）	11i,12i	
	C5	104（0.1μF）	13i,16i	
电解电容	C1	1μF	9a,12a	
	C3	1μF	18i,21i	
二极管	VD1	4148	25c,29c	
	VD2	4148	25d,28d	
	VD3	4148	25b,30b	
	VD4	4148	33c,36c	
	VD5	4148	33g,37g	
	VD6	4148	38f,38e	
	VD7	4148	31b,36b	
	VD8	4148	32d,37d	

元件名称	编号	参数或规格	参考坐标	完成情况
二极管	VD9	4148	34h,38h	
	VD10	4148	32i,38i	
	VD11	4148	6a,10a	
三极管PNP	VT1	9012	20h,21h,22h	
扬声器	BP	0.5W/8Ω	20a，19−	
导线（+）	101	红色	9+，9j	
	102		22+,22j	
	103		27+,27j	
	104		46+,46j	
导线（−）	201	黑色	15a,15−	
	202		24a,24−	
	203		34a,34−	
	204		52a,52−	
	205		24e,24f	
	206		24i,28i	
	207		28h,30h	
其他导线	1	随机颜色	8d,9d	
	2		10d,11d	
	3		10g,13g	
	4		15g,17g	
	5		14g,14d	
	6		12d,29g	
	7		16j,51j	
	8	同一颜色	17a,43a	
	9		43e,45f	
	10	随机颜色	25e,50d	
	11		27a,38a	
	12	同一颜色	37f,37e	
	13		37c,51d	

元件名称	编号	参数或规格	参考坐标	完成情况
其他导线	14	随机颜色	38j,48j	
	15		36e,47g	
	16	同一颜色	47a,49a	
	17		49g,51g	
	18		51h,49c	
电源	BT 6V	红+ 黑-	3+,3-	

第九章
移位寄存器电路实验

LED流动－交替发光闪烁器

扫码看视频

制作难度：★★★★ 较高

原理简介：

　　本电路是可以实现两种闪烁效果的LED发光电路。其中移位寄存器4015组成LED灯光闪烁驱动电路，反相器4069组成脉冲发生器，在拨动开关KS1的控制下，可以实现流动闪烁和交替闪烁两种发光样式。电路方框图见图9-23-1，电路原理图见图9-23-2。

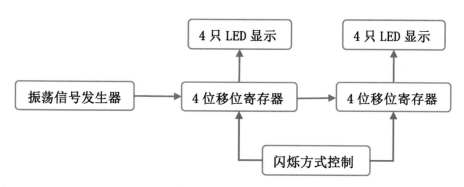

图9-23-1　LED流动－交替发光闪烁器 电路方框图

　　IC1 4015内含两组移位寄存器，每组4位，其中第一个寄存器IC1A的Q4A输出端与第二个寄存器IC1B的串行数据输入端DB（以下简称数据端）相接，从而构成了一个8位移位寄存器。C1和R9组成上电复位电路，使接通电源后寄存器各输出端均为低电平。IC1B的Q4B输出端经过开关KS1、IC2D反相器后与IC1A的数据端DA相接，使电路上电时该数据端为高电平。

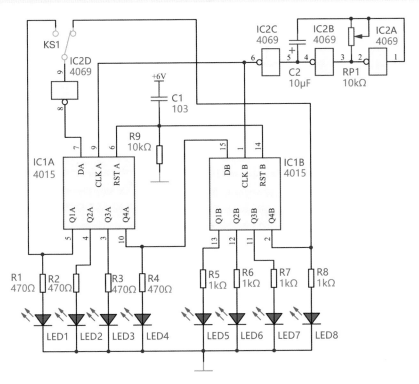

图9-23-2　LED流动-交替发光闪烁器 电路原理图

　　IC2A、IC2B、C2、RP1等组成脉冲发生器，经IC2C反相器缓冲后送到IC1A和IC1B的脉冲输入端CLK A和CLK B，此时IC1A的数据端DA为高电平，Q1A~Q4A依次输出高电平，LED1~LED4依次点亮。之后，Q4A输出的高电平加载到IC1B的数据端DB上，在脉冲输入信号的作用下，LED5~LED8被依次点亮，至此LED1~LED8全部点亮，完成第一次循环。在LED8被点亮后，IC1B输出端Q4B的高电平经开关KS1闭合触点、IC2D反相后变为低电平，送到IC1A的数据端DA，在脉冲信号的作用下，第二个循环中LED1~LED8依次熄灭。当IC1B的Q4B输出为低电平时，IC1A的数据端DA又变为高电平，LED1~LED8再次按前述介绍，在第三次循环中被依次点亮，从而实现流动显示效果。

　　如果将电路图中的开关KS1切换到左侧，则在刚上电时，IC1A的Q1A输出端为低电平，该低电平经IC2D反相后，变为高电平加载到数据端DA，当第一个脉冲信号输入时，Q1A输出高电平，LED1点亮，该高电平经IC2D反相后，加载到数据端DA，当第二个脉冲信号输入后，Q1A变为低电平，LED1熄灭，Q1A原先的高电平移位到Q2A，LED2点亮，在接下来的循环中，LED1~LED8按照一亮一灭的方式循环点亮。

　　调整RP1可以改变振荡信号的频率，从而可以调整LED的显示速度。

装调提示：

本电路连线较多，且较长，装配时需要仔细分辨。通电测试时可用万用表直流电压挡测量IC2第6脚，应能观察到高、低电平变化，确保振荡电路工作正常，以提供正常的脉冲信号供给位寄存器。其他电路连线正常电路即可工作。切换开关KS1时，应先断电，再切换KS1，然后再上电。

本电路中LED的限流电阻R1~R4、R5~R8分别使用了470Ω和1kΩ两种规格，这是因为本书配套销售的元件中每种电阻规格配置3~5只，因此选用了两种规格。如果用户手中电阻备件富余，也可以只使用一种规格的电阻。

电路装配图见图9-23-3。元器件清单及安装参考坐标见表9-23-1。

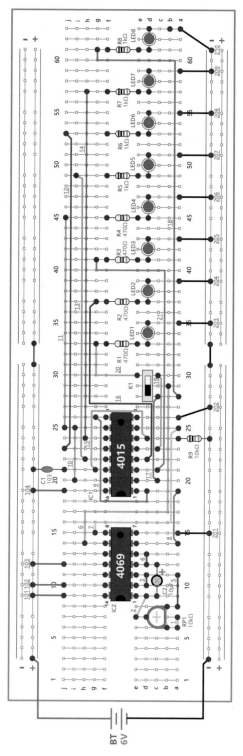

图9-23-3 LED流动-交替发光闪烁器 电路装配图

表9-23-1 元件清单及安装参考坐标

元件名称	编号	参数或规格	参考坐标	完成情况
集成电路	IC1	4015	19e,…,19f	
	IC2	4069	9e,…,9f	
电阻	R1	470Ω	33f,33e	
	R2	470Ω	37f,37e	
	R3	470Ω	41f,41e	
	R4	470Ω	45f,45e	
	R5	1kΩ	49f,49e	
	R6	1kΩ	53f,53e	
	R7	1kΩ	57f,57e	
	R8	1kΩ	61f,61e	
	R9	10kΩ	24a,24-	
可变电阻	RP1	103（10kΩ）	6b,7d,8b	
瓷片电容	C1	103（0.01μF）	21+,21j	
电解电容	C2	10μF	9c,12c	
发光二极管	LED1	φ5mm 红色	33d,35d	
	LED2		37d,39d	
	LED3		41d,43d	
	LED4		45d,47d	
	LED5		49d,51d	
	LED6		53d,55d	
	LED7		57d,59d	
	LED8		61d,63d	
拨动开关	KS1	单刀双掷	28d,29d,30d	
导线（+）	101	红色	9+,9j	
	102		10+,10j	
	103		12+,12j	
	104		19+,19j	
导线（-）	201	黑色	15a,15-	
	202		26a,27-	

元件名称	编号	参数或规格	参考坐标	完成情况
导线（一）	<u>203</u>		35a,35-	
	<u>204</u>		39a,39-	
	<u>205</u>		43a,43-	
	<u>206</u>	黑色	47a,47-	
	<u>207</u>		51a,51-	
	<u>208</u>		55a,55-	
	<u>209</u>		59a,59-	
	<u>210</u>		63a,61-	
其他导线	<u>1</u>	同一颜色	6a,7a	
	<u>2</u>		7e,9d	
	<u>3</u>	随机颜色	10d,11d	
	<u>4</u>		12d,13d	
	<u>5</u>		8a,11a	
	<u>6</u>		14h,29b	
	<u>7</u>		15g,25a	
	<u>8</u>	同一颜色	14a,19a	
	<u>9</u>		19d,26g	
	<u>10</u>		20i,25i	
	<u>11</u>		25j,45j	
	<u>12</u>	随机颜色	23j,53j	
	<u>13</u>		22h,49i	
	<u>14</u>		24h,57h	
	<u>15</u>		21g,24d	
	<u>16</u>		22d,37g	
	<u>17</u>	同一颜色	20c,28c	
	<u>18</u>		28a,61g	
	<u>19</u>		23c,30c	
	<u>20</u>		30e,33g	
	<u>21</u>	随机颜色	21c,41g	
电源	BT 6V	红+ 黑-	3+,3-	

第十章
分频器电路实验

模拟声音频率计

扫码看视频

制作难度： ★ 简单

原理简介：

这是一款根据灯光信号闪动的快慢，就可以换算出所接收到的声音信号频率的电路。电路方框图见图10-24-1。电路原理图见图10-24-2。

图10-24-1　模拟声音频率计 电路方框图

这个电路利用了4060内部的两个非门组成一个线性放大电路，把由话筒MIC接收到的声音信号进行放大，放大后的音频信号通过4060内部的计数分频器进行分频。在4060的各级分频输出端，接有发光二极管，每个发光二极管都会根据该分频端输出的频率显示相应的灯光信号，用于人工计数，再换算出声音的频率。本电路选取了Q8、Q9、Q10输出端，并各接有一只LED。

例如在Q8输出端，其分频系数是$2^8=256$，观察它所接的LED1闪动的次数，同时用秒表计数，如测得在10s内闪动8次，则可换算出所测量声音的频率为$256 \times 8 \div 10 \approx 205Hz$。Q9、Q10输出端也可以采取同样的计算方法。

装调提示：

验证频率我们也可以采用一个标准的音频信号源，例如在手机的音乐程序里，搜索"1kHz"，就能看到"1kHz正弦波"等搜索结果，点击一下，并设置手机处于外放状态，则手机扬声器就能持续发出1kHz的音频信号，将手机扬声器贴近话筒MIC，相距0.5~1cm，用秒表计时10s，观察LED3的闪烁次数，LED3与IC1的Q10输出端相接，该端的分频系数为$2^{10}=1024$，此时理论上LED3的闪烁次数应为

1000/1024×10≈10次。从而可以验证这个音频频率计的计数正确性。选择其他频率的音频信号源，或者选择4060的其他输出端口测试，都可以参考上面的方式。

音频信号源的频率原则上不要超过人耳的识别范围，一般在20~20kHz之间，否则不好判定电路识别是否正确。建议不超过2kHz。实验时周边要尽量安静，不要有杂音，否则也会影响电路的识别准确性。

电路装配图见图10-24-3，元件清单及安装参考坐标见表10-24-1。

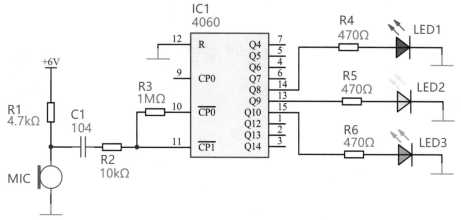

图10-24-2 模拟声音频率计 电路原理图

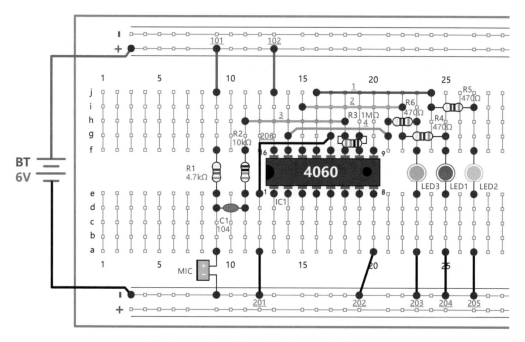

图10-24-3 模拟声音频率计 电路装配图

表10-24-1　元件清单及安装参考坐标

元件名称	编号	参数或规格	参考坐标	完成情况
集成电路	IC1	4060	13e,…,13f	
电阻	R1	4.7kΩ	9e,9f	
	R2	10kΩ	11e,11f	
	R3	1MΩ	18g,19g	
	R4	470Ω	22g,25g	
	R5	470Ω	24i,27i	
	R6	470Ω	21h,23h	
瓷片电容	C1	104(0.1μF)	9d,11d	
发光二极管	LED1	φ5mm 红色	25f,25e	
	LED2	φ5mm 黄色	27f,27e	
	LED3	φ5mm 绿色	23f,23e	
驻极话筒	MIC	带引脚	9a,9-	
导线（+）	101	红色	9+,9j	
	102		13+,13j	
导线（-）	201	黑色	12a,12-	
	202		20a,19-	
	203		23a,23-	
	204		25a,25-	
	205		27a,27-	
	206		12e,17g	
其他导线	1	随机颜色	16j,24j	
	2		15i,22i	
	3		11h,18h	
	4		14g,21g	
电源	BT 6V	红+ 黑-	3+,3-	

 例25　**循环定时器**

扫码看视频

制作难度：★★ 比较简单

原理简介：

　　这是一款可以实现循环定时，即按照开—关—开—关的顺序循环定时工作的电路。电路方框图见图10-25-1，电路原理图见图10-25-2。

图10-25-1　循环定时器 电路方框图

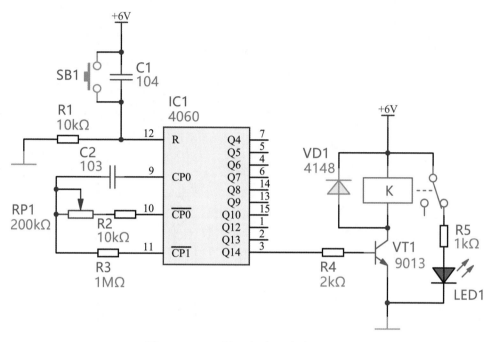

图10-25-2　循环定时器 电路原理图

　　IC1 4060是一种内置振荡器的14分频串行计数器，它可以实现2^4~2^{14}次方分频。R2、R3、RP1、C2等与4060内部的门电路组成振荡器，用于提供计数脉冲。Q4~Q14输出端分别对计数脉冲进行2^4~2^{14}次方分频，本电路中选取了Q14输出端，该端对计数脉冲进行2^{14}=16384次分频后，将由低电平变为高电平，并通过R4加载到VT1的基极，VT1导通，继电器吸合，LED1点亮。再经过同样长的时间后，Q14输出变为低电平，VT1截止，继电器松开，LED1熄灭，接下来，电路就按照上面的步骤重复开—关—开—关，从而实现循环定时控制。

🦅 装调提示：

　　调整RP1的阻值，可以设置脉冲频率，该振荡器的振荡频率约为：

$$f = \frac{1}{2.2 \times (RP_1 + R_2) \times C_2}$$，按照图10-25-2中的电阻电容参数，该电路的振荡频率范围约20~450Hz，在Q14输出端对应的延时时间约为36~756s，实际定时周期还要受元件参数误差的影响，存在一定的误差。实验时可以选用IC1的其他Q输出端，可以得到不同的定时时间，同时也可以缩短电路的演示调试时间。SB1是复位按键，按一下SB1后电路复位，Q14变为低电平，重新开始计时。

电路装配图见图10-25-3。元器件清单及安装参考坐标见表10-25-1。

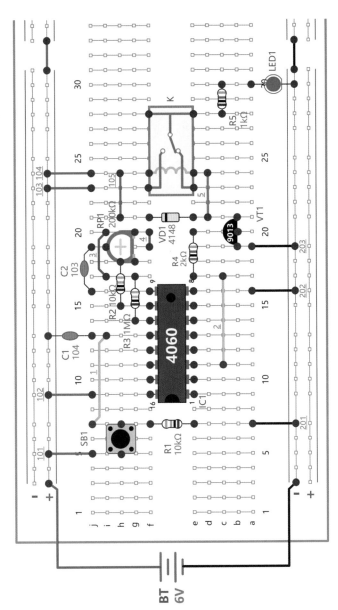

图10-25-3　循环定时器 电路装配图

表10-25-1　元件清单及安装参考坐标

元件名称	编号	参数或规格	参考坐标	完成情况
集成电路	IC1	4060	9e,…,9f	
电阻	R1	10kΩ	7f,7e	
	R2	10kΩ	15h,18h	
	R3	1MΩ	14g,17g	
	R4	2kΩ	17e,20e	
	R5	1kΩ	28c,30c	
可变电阻	RP1	204（200kΩ）	18g,19i,20g	
瓷片电容	C1	104（0.1μF）	13+,13j	
	C2	103（0.01μF）	16j,19j	
发光二极管	LED1	φ5mm 红色	30a,30-	
二极管	VD1	4148	21e,21f	
三极管NPN	VT1	9013	19b,20b,21b	
微动开关	SB1	两脚	5h,7h	
继电器	K	型号4100，线圈电压5V	23e,…,23f	
导线（+）	101	红色	5+,5j	
	102		9+,9j	
	103		23+,23j	
	104		24+,24j	
	105		21h,24h	
导线（-）	201	黑色	7a,7-	
	202		16a,16-	
	203		19a,19-	
其他导线	1	随机颜色	7j,13i	
	2		11c,17c	
	3	同一颜色	17i,20i	

元件名称	编号	参数或规格	参考坐标	完成情况
其他导线	4	同一颜色	19f,20f	
	5	随机颜色	21d,24d	
电源	BT 6V	红+ 黑-	3+,3-	

例26 音频分频信号发生器

扫码看视频

制作难度：★★ 比较简单

原理简介：

这是一款对音频信号进行分频后的声音效果演示电路。电路方框图见图10-26-1，电路原理图见图10-26-2。

图10-26-1 音频分频信号发生器 电路方框图

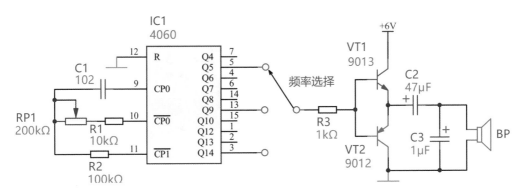

图10-26-2 音频分频信号发生器 电路原理图

IC1 4060是一款分频专用数字集成电路，可对信号进行2^4~2^{14}分频，内含2个串联非门电路，通过第9、10、11引脚的外接电阻电容，就可以构成一个振荡器，并作为信号源。通过Q4~Q14输出端，分别输出分频后的信号。VT1和VT2分别是NPN和PNP型三极管，构成一个互补型音频放大电路，信号的正半周VT1导通，信号的负半周VT2导通，两个三极管通过C2隔直流后轮流驱动扬声器发声。

装调提示：

调整RP1可以调整4060外接振荡器的振荡频率。4060的输出端这里随机抽取了Q5、Q9、Q14，实际可以任意选取。有条件的话可以用数字示波器或频率计测量4060第9脚的频率，例如可以调整RP1，使4060第9脚输出频率为10kHz，那么Q5端输出频率应为$10000/2^5=10000/32=312.5Hz$，Q9端输出频率应为$10000/2^9=10000/512=19.5Hz$，Q14端输出频率应为$10000/2^{14}=10000/16384=0.61Hz$，则扬声器将对应发出上述频率的音响，3个频率将存在明显的差异，以此来验证音频信号被分频后的效果。由于4060采用外接阻容元件来实现振荡，因此振荡频率不会十分稳定，在示波器或频率计上观察到少量波动也是正常的。

实验时可用一根导线，一端固定在R3的左端，另一端分别连接IC1的第5、13、3脚，分别测量，观察结果。

电路装配图见图10-26-3，元件清单及安装参考坐标见表10-26-1。

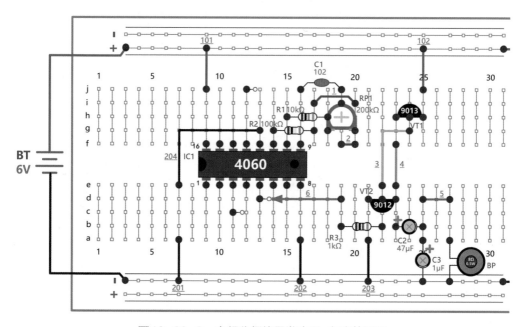

图10-26-3　音频分频信号发生器 电路装配图

表10-26-1 元件清单及安装参考坐标

元件名称	编号	参数或规格	参考坐标	完成情况
集成电路	IC1	4060	9e,…,9f	
电阻	R1	10kΩ	15h,18h	
	R2	100kΩ	14g,17g	
	R3	1kΩ	19b,22b	
可变电阻	RP1	204(200kΩ)	18g,19i,20g	
瓷片电容	C1	102(1000pF)	16j,19j	
电解电容	C2	47μF	23b,25b	
	C3	1μF	25a,25−	
三极管NPN	VT1	9013	23h,24h,25h	
三极管PNP	VT2	9012	21d,22d,23d	
扬声器	BP	0.5W/8Ω	27a,27−	
导线（+）	101	红色	9+,9j	
	102		25+,25j	
导线（−）	201	黑色	7a,7−	
	202		16a,16−	
	203		21a.21−	
	204		7e,13g	
其他导线	1	同一颜色	17i,20i	
	2		19f,20f	
	3	随机颜色	22e,24g	
	4		23f,23e	
	5		25d,27d	
	6	频率选择线	19d	
电源	BT 6V	红+ 黑−	3+,3−	

扫码看视频

制作难度：★★★ 中等

原理简介：

这是一个可以实现秒计数的电路，电路方框图如图10-27-1所示，电路原理图如图10-27-2所示。

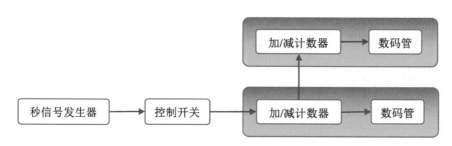

图10-27-1　数字秒表 电路方框图

本电路由秒信号产生电路和两位数码计数电路组成。IC1 4060是分频电路，其外围元件RP1、R2、R3、C1等与4060内部的门电路组成振荡电路，用于提供振荡信号源。调整RP1使得振荡信号的频率为16384Hz，经过4060内部分频后，在第3脚Q14端输出1Hz信号，作为后续电路的计数脉冲。

与前面的例20电路相似，两块40110数码管适配板通过级联的方式，构成两位加计数电路，当开关KS2处于闭合状态时，IC1 Q14输出的1Hz秒脉冲信号加载到IC2的第9脚CP+计数端，数码管开始按秒进行加计数。当KS1闭合时，两位数码管停止计数，用于观察当前计数结果。但IC2和IC3内部计数依然在继续进行，当KS1断开后，数码管将显示当前的计数结果。按动一下SB1，计数电路将清零，重新开始计数。如果断开KS2，则秒脉冲信号与计数电路断开，计数电路将停止计数。LED1用于秒信号显示。

装调提示：

本电路中如果要实现准确计时，需要仔细调整RP1，使得振荡电路的信号稳定并准确。校准可以使用手机的秒表功能，通过本电路数码管显示的数字与手机秒表进行对比，并仔细调整RP1，使得本电路显示的计时数字与手机秒表趋于一致即可。

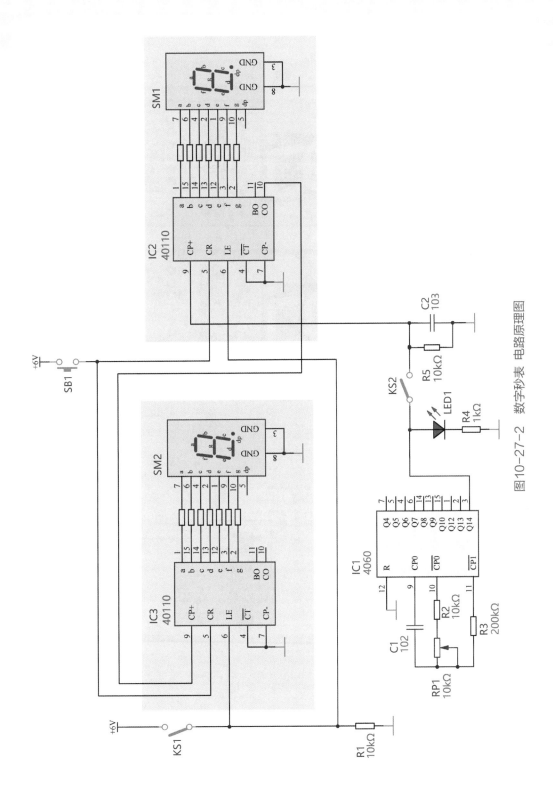

图10-27-2 数字秒表 电路原理图

需要指出的是，4060是可以通过外加晶体振荡器的方式，输出高精度的时钟脉冲信号，例如可以参考前面的图 2-8-3 的电路，将一只标称32768Hz的晶振，放置在电路中 JT 的位置，则 4060 的第 3 脚 Q14 输出端，可输出 2Hz 的脉冲信号，再经过 2 分频后就可以得到精度很高的 1Hz 秒脉冲信号。但正如第二章第八节中所讲述的，32768Hz 的晶振一般是小圆柱封装，引脚又细又短，并不适合在面包板上插接使用。因此我们这个数字秒表电路并没有采用晶振，而是采用阻容元件作为振荡信号源，虽然在精度上不如晶振的准确，但不影响我们对电路原理的理解。

电路装配图见图 10-27-3，元器件清单及安装参考坐标见表 10-27-1。

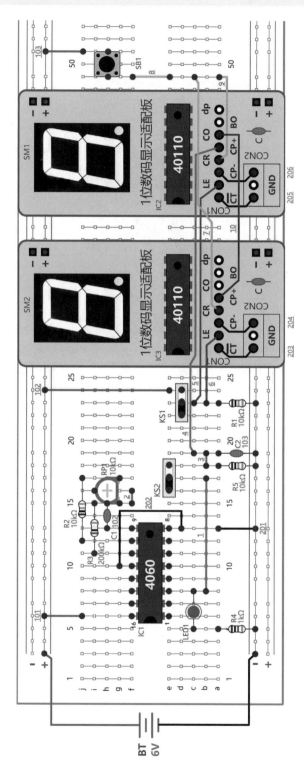

图10-27-3 数字秒表 电路装配图

表10-27-1 元器件清单及安装参考坐标

元件名称	编号	参数或规格	参考坐标	完成情况
集成电路	IC1	4060	6e,…,6f	
数码管 显示适配板	IC2	40110	47+,47−	
	IC3	40110	35+,35−	
电阻	R1	10kΩ	23a,23−	
	R2	10kΩ	12j,17j	
	R3	200kΩ	11i,15i	
	R4	1kΩ	5a,5−	
	R5	10kΩ	18a,18−	
可变电阻	RP1	103（10kΩ）	15g,16i,17g	
瓷片电容	C1	102（1000pF）	13h,15h	
	C2	103（0.01μF）	19a,19−	
发光二极管	LED1	φ5mm 红色	8c,5c	
拨动开关	KS1	单刀双掷	22d,23d,24d	
	KS2	单刀双掷	16e,17e,18e	
微动开关	SB1	两引脚	49h,51h	
导线（+）	101	红色	6+, 6j	
	102		24+,24e	
	103		51+,51j	
导线（−）	201	黑色	13a,13−	
	202		10g,13d	
	203		IC3 $\overline{CT}$,GND	
	204		IC3 CP−,GND	
	205		IC2 $\overline{CT}$,GND	
	206		IC2 CP−,GND	
其他导线	1	随机颜色	8b,17b	
	2		15f,16f	
	3	同一颜色	18b,19b	

元件名称	编号	参数或规格	参考坐标	完成情况
其他导线	<u>4</u>	同一颜色	19c,IC2 CP+	
	<u>5</u>		23c,IC2 LE	
	<u>6</u>		23b,IC3 LE	
	<u>7</u>		IC3 CR,49c	
	<u>8</u>		49f,49e	
	<u>9</u>		IC2 CR,49a	
	<u>10</u>	随机颜色	IC3 CP+,IC2 CO	
电源	BT 6V	红＋ 黑－	3+,3-	

第十一章
锁相环电路实验

例28　变声报警器

扫码看视频

制作难度：★★ 比较简单

原理简介：

这是一款可以实现音调自动高低起伏变化的报警器。电路方框图见图11-28-1。电路原理图见图11-28-2。

图11-28-1　变声报警器 电路方框图

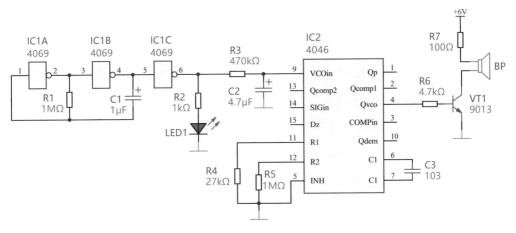

图11-28-2　变声报警器 电路原理图

由IC1A、IC1B、R1、C1等组成多谐振荡器，产生方波信号经过IC1C缓冲后，再经过R3、C2构成的积分电路变为锯齿波，并接入4046的第9脚，即内部的压控振荡器的频率控制端VCOin。随着控制电压的锯齿波的规律变换，压控振荡器输出的信号频率也随之改变，经第4脚即压控振荡器的输出端Q_{vco}，电阻R6，送到VT1基极，放大后的音频信号通过扬声器BP发出，按照第二章第九节关于4046集成电路的介绍，在本电路中压控振荡器VCO的中心振荡频率由电容C3、电阻R4、R5决定，按照图11-28-2中的参数，就可以得到类似警笛的音响效果。

装调提示：

电路装配完成后，就可以通电测试。电路中接有LED1，其亮灭和警笛的高低音调变化一致，以此可验证电路是否工作正常。通过改变振荡器的频率可以得到多种警笛的音响效果。调整电阻R4的阻值，可以调整警笛声音的基础频率。如果调整IC1 4069组成的多谐振荡器的输出频率，可以改变调制速度，同时R3、C2的取值也可以调整，也就是改变锯齿波的积分电路的时间常数。调制速度变化越快，积分电路的时间常数也就越小，可以根据实验得到理想的警笛声音。

电路装配图见图11-28-3，表11-28-1是所需的元件清单及安装参考坐标。

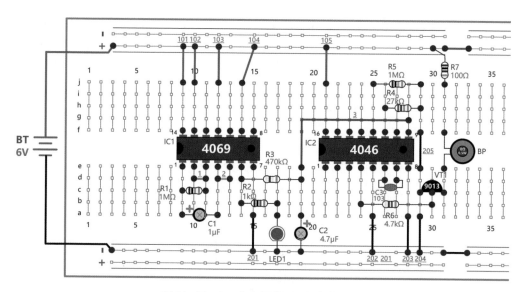

图11-28-3 变声报警器 电路装配图

表11-28-1　元件清单及安装参考坐标

元件名称	编号	参数或规格	参考坐标	完成情况
集成电路	IC1	4069	9e,…,9f	
	IC2	4046	21e,…,21f	
电　阻	R1	1MΩ	9c,11c	
	R2	1kΩ	14b,17b	
	R3	470kΩ	14d,19d	
	R4	27kΩ	26h,29h	
	R5	1MΩ	25j,29j	
	R6	4.7kΩ	24b,30b	
	R7	100Ω	30+,31j	
电解电容	C1	1μF	9a,12a	
	C2	4.7μF	19a,19-	
瓷片电容	C3	103(0.01μF)	26d,27d	
发光二极管	LED1	φ5mm 红色	17a,17-	
三极管NPN	VT1	9013	29c,30c,31c	
扬声器	BP	0.5W/8Ω	31f,31e	
导线（＋）	101	红色	9+,9j	
	102		10+,10j	
	103		12+,12j	
	104		15+,14j	
	105		21+,21j	
导线（－）	201	黑色	15a,15-	
	202		25a,25-	
	203		28a,28-	
	204		29a,29-	
	205		29e,29f	
其他导线	1	随机颜色	10d,11d	
	2		12d,13d	
	3		19e,28g	
电源	BT 6V	红＋ 黑－	3+,3-	

扫码看视频

制作难度：★★★ 中等

原理简介：

这是一款可以实现10倍频的电路。电路方框图如图11-29-1所示。电路原理图如图11-29-2所示。

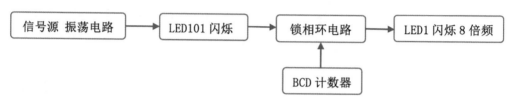

图11-29-1 倍频电路 电路方框图

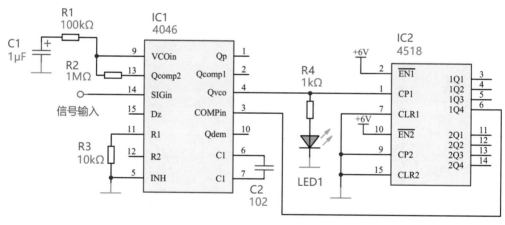

图11-29-2 倍频电路 电路原理图

倍频电路就是可以将原先信号的振荡频率成倍提升，例如我们介绍的这款电路就可以将1Hz的信号，提升为10Hz。这款电路由锁相环集成电路4046和BCD同步加计数器4518构成。从原理图可以看出，4518接在4046的压控振荡器，即VCO

的输出端 Q_{vco}，和比较器输入端 COMPin 之间，因此，当锁相环电路锁定时，BCD 计数器输出的信号频率与锁相环输入信号频率相等，从而在 BCD 计数器的时钟输入端，同时也是 VCO 的输出端，得到倍频输出信号。本电路中采用了 BCD 计数器的第 6 脚 1Q4 输出端，而 BCD 是十进制计数，该端在每输入 10 个脉冲时，输出 1 次高电平。假设输入信号为 1Hz，则倍频后输出的信号频率为 10Hz。

装调提示：

　　为了便于调试和验证，我们另外制作了一个简单的信号发生器，用来输出 1Hz 的信号，信号源电路原理图如图 11-29-3 所示，该电路与例 1 相似，工作原理这里不再赘述。将这个信号发生器的输出端与倍频电路的输入端相接，我们就可以观察到红色 LED101 闪烁速度较慢，而绿色 LED1 则闪烁速度明显加快。由于元器件本身存在误差，信号发生器输出频率不一定正好是 1Hz，可能存在一点偏差，但不影响我们观察实验结果。如果将信号源输出频率再提高一些，如 10Hz，那么输出端的频率将达到约 100Hz，超过人的肉眼识别能力，看上去 LED1 就是常亮了，但用示波器或频率计还是能够轻松检测出倍频频率。

　　电路装配图如图 11-29-4 所示，绿色方框中是信号发生器部分，该部分各元件编号均从 101 开始，以示与后面的电路元件编号相区别。元件清单及安装参考坐标见表 11-29-1。

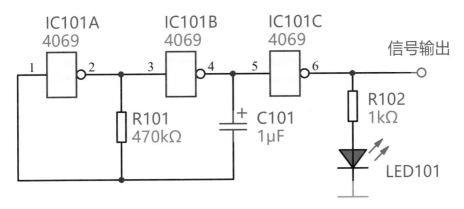

图 11-29-3　倍频电路 信号源电路原理图

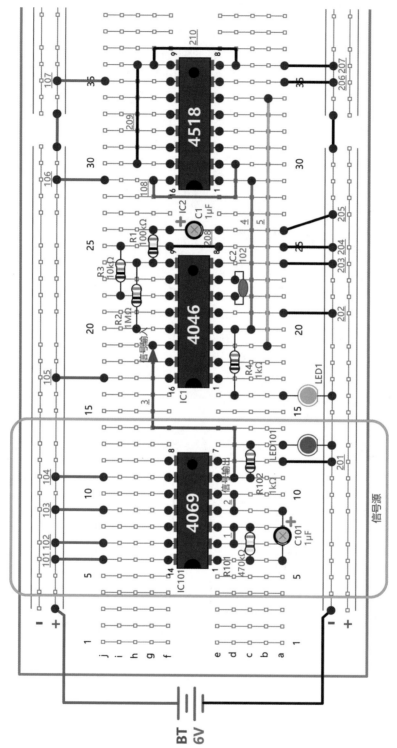

图11-29-4　倍频电路　电路装配图

表11-29-1 元件清单及安装参考坐标

元件名称	编号	参数或规格	参考坐标	完成情况
集成电路	IC101	4069	6e,…,6f	
	IC1	4046	17e,…,17f	
	IC2	4518	29e,…,29f	
电阻	R101	470kΩ	6c,8c	
	R102	1kΩ	11c,13c	
	R1	100kΩ	24g,26g	
	R2	1MΩ	20h,24h	
	R3	10kΩ	22i,25i	
	R4	1kΩ	16d,20d	
电解电容	C101	1μF	6a,9a	
	C1	1μF	26f,26e	
瓷片电容	C2	102（1000pF）	22d,23d	
发光二极管	LED101	φ5mm 红色	13a,13-	
	LED1	φ5mm 绿色	16a,16-	
导线（+）	101	红色	6+,6j	
	102		7+,7j	
	103		9+,9j	
	104		11+,11j	
	105		17+,17j	
	106		29+,29j	
	107		35+,35j	
	108		29g,30d	
导线（-）	201	黑色	12a,12-	
	202		21a,21-	
	203		24a,24-	
	204		25a,25-	
	205		26a,27-	
	206		35a,35-	
	207		36a,36-	

元件名称	编号	参数或规格	参考坐标	完成情况
导线（-）	<u>208</u>	黑色	25e,25f	
	<u>209</u>		30h,36h	
	<u>210</u>		36g,36d	
其他导线	<u>1</u>	随机颜色	7d,8d	
	<u>2</u>		9d,10d	
	<u>3</u>		11d,19g	
	<u>4</u>		20c,29c	
	<u>5</u>		19b,34b	
电源	BT 6V	红+ 黑-	3+,3-	

例30 音频遥控开关

扫码看视频

制作难度：★ ★ ★ 中等

原理简介：

这是一款可以用特定声音控制开关的电路。电路方框图如图11-30-1所示，电路原理图如图11-30-2所示。

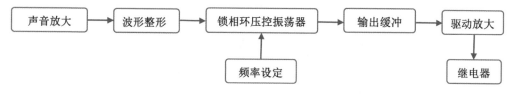

图11-30-1 音频遥控开关 电路方框图

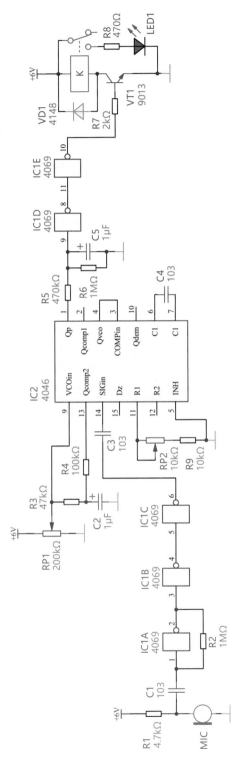

图11-30-2 音频遥控开关 电路原理图

话筒将外界的声音收集后，送到由IC1A和R2组成的放大电路，放大后的音频信号送到IC1B、IC1C进行波形整形，然后通过C3送到IC2锁相环电路的输入端。IC2内部有一个压控振荡器，平时工作在设定的频率上。当话筒收集到的外界声音与压控振荡器的工作频率相同时，锁相环电路就处于锁定状态，IC2的第1脚输出端由低电平变为高电平，该高电平经过IC1D、IC1E缓冲后经过R7送到VT1的基极，VT1导通，继电器敞开触点K闭合，LED1点亮，从而实现用特定的声音来控制开关。

压控振荡器的控制电压由两部分组成。一是基础电压，它决定压控振荡器的工作频率与接收到的信号频率是否一致。通过调整可变电阻RP1来实现。二是锁相环电路输出的锁定电压，通过R3与R4的分压来实现，和基础电压一起加到压控振荡器上。上面两个电压的比例，决定了锁相环电路的特性，基础电压占比高，则体现出电路的选择性好，频率捕捉范围窄。锁相环电路输出的锁定电压占比高，则选择性差，频率捕捉范围宽。

装调提示：

这个电路的特点是只对设定的频率信号做出响应，对其他频率信号则不予响应。我们在调试时，可以用一个固定的音频信号来测试。信号源可以利用手机来实现。打开手机中的"音乐"图标，在搜索框中输入"1kHz"，就会出现多个搜索结果，例如"1kHz正弦波"，选择这个音乐并外放，手机扬声器中就会持续发出1kHz的音频信号。将手机外放扬声器靠近本电路的话筒，调整可变电阻RP2，使继电器K吸合，LED1点亮，然后再调整一下RP1，可以设定频率捕捉范围。例如捕捉范围宽，则对1kHz(1±20%)的频率都可以响应，如设定捕捉范围窄，则只对1kHz(1±5%)的频率做出响应。显然，捕捉范围窄的，工作更可靠一些，发生误动作的可能性更小。

电路装配图见图11-30-3，元件清单及安装参考坐标见表11-30-1。

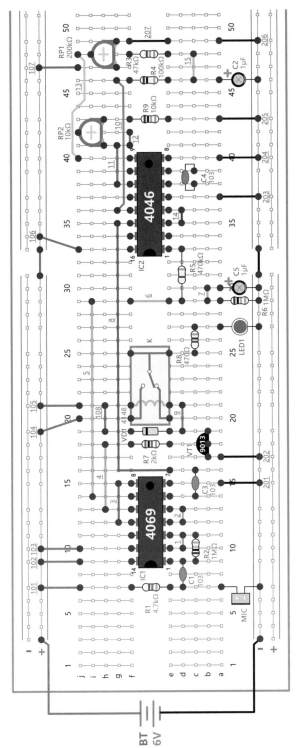

图11-30-3 音频遥控开关 电路装配图

表11-30-1 元件清单及安装参考坐标

元件名称	编号	参数或规格	参考坐标	完成情况
集成电路	IC1	4069	9e,…,9f	
	IC2	4046	33e,…,33f	
电阻	R1	4.7kΩ	7f,7e	
	R2	1MΩ	9c,11c	
	R3	47kΩ	48f,48e	
	R4	100kΩ	46f,46e	
	R5	470kΩ	29d,33d	
	R6	1MΩ	29a,29-	
	R7	2kΩ	18f,18e	
	R8	470Ω	25c,27c	
	R9	10kΩ	43f,43e	
可变电阻	RP1	204(200kΩ)	47g,48i,49g	
	RP2	103(10kΩ)	41h,42j,43h	
瓷片电容	C1	103(0.01μF)	7d,9d	
	C3	103(0.01μF)	14c,16c	
	C4	103(0.01μF)	38c,39c	
电解电容	C2	1μF	46a,46-	
	C5	1μF	30a,30-	
发光二极管	LED1	φ5mm 红色	27a,27-	
二极管	VD1	4148	19f,19e	
三极管NPN	VT1	9013	17b,18b,19b	
驻极话筒	MIC	带引脚	7a,7-	
继电器	K	型号4100，线圈电压5V	20e,…,20f	
导线（+）	101	红色	7+,7j	
	102		9+,9j	
	103		10+,10j	
	104		19+,20j	
	105		21+,21j	

元件名称	编号	参数或规格	参考坐标	完成情况
导线（+）	106	红色	34+,33j	
	107		47+,47j	
	108		19h,21h	
导线（-）	201	黑色	15a,15-	
	202		17a,17-	
	203		37a,37-	
	204		40a,40-	
	205		43a,43-	
	206		49a,49-	
	207		49e,49f	
其他导线	1	随机颜色	10d,11d	
	2		12d,13d	
	3		12g,15g	
	4		13h,18h	
	5	同一颜色	14i,29i	
	6		29f,29e	
	7		29b,30b	
	8	随机颜色	16e,35g	
	9		19d,21d	
	10		36g,46g	
	11	同一颜色	38g,41g	
	12		41f,42f	
	13	随机颜色	40j,48j	
	14		35d,36d	
	15		46c,48c	
电源	BT 6V	红+ 黑-	3+,3-	

附录

一、实验元器件总清单

下表是本书实验所需的元器件总清单，可供大家参考。其中的导线部分，建议选用φ0.5mm左右的单股镀锡铜导线，短导线优先选用。

我们同时也提供完善的一站式配套服务，扫描本书前言中所附二维码，可直接在应用电子的淘宝旗舰店选购本书的配套器材。

元件名称	规格	建议准备数量	元件名称	规格	建议准备数量
集成电路	4011	1	电解电容	1μF	2
	4013	1		4.7μF	1
	4015	1		10μF	1
	4017	1		47μF	1
	4046	1		100μF	2
	4060	1	LED	φ5mm 红色	8
	4066	1		φ5mm 绿色	3
	4069	1		φ5mm 黄色	3
	4511	1		φ5mm 蓝色	3
	4518	1	二极管	4148	11
	40106	1		红外发射管	2
	40110 含转接板	2		红外接收管	2
	555	1	三极管	9012（PNP）	2
音乐芯片	9300 转接板	1		9013（NPN）	4
1/4W 四色环电阻	100Ω	1	光敏电阻	—	1
	470Ω	5	1 位数码管	0.56in 共阴	1
	1kΩ	4	微动开关	2 引脚	5

元件名称	规格	建议准备数量	元件名称	规格	建议准备数量
1/4W 四色环电阻	2kΩ	3	拨动开关	单刀双掷	2
	4.7kΩ	5	继电器	4100线圈电压5V	1
	10kΩ	5	驻极话筒	φ10mm 带引脚	1
	27kΩ	3	扬声器	0.5W/8Ω	1
	47kΩ	2	面包板	MB102	1
	100kΩ	3	单股镀锡 φ0.5mm 铜导线	红色长3cm	15
	200kΩ	2		黑色长3cm	15
	470kΩ	3		随机颜色3cm	15
	1MΩ	3		随机颜色5cm	5
可变电阻	103（10kΩ）	1		随机颜色 10～12cm	若干
	204（200kΩ）	1	6V 电池盒	装4节 5号电池	—
瓷片电容	102（1000pF）	1	剪刀和刀片	自备	
	103（0.01μF）	3			
	104（0.1μF）	3			

二、音乐芯片适配板

扫码看视频

三、一位数码显示适配板

扫码看视频

四、导线的制作

扫码看视频

参考文献

[1] 王晓鹏.面包板电子制作130例.北京：化学工业出版社，2015.

[2] 黄继昌.数字电路应用集萃.北京：中国电力出版社，2008.

[3] 胡斌.电子线路基础轻松入门.第2版.北京：人民邮电出版社，2006.

[4] 张天富.电子产品装配与调试.北京：人民邮电出版社，2012.

[5] 肖景和.CMOS数字电路应用300例.北京：中国电力出版社，2005.

[6] 菲利普·E,Douglas R.Holberg.CMOS模拟集成电路设计.第3版.冯军，译.北京：电子工业出版社，2003.